新版

牛乳・乳製品の知識

堂迫 俊一

幸書房

発刊にあたって

1998年に初版が発行された『牛乳・乳製品の知識』は故野口洋介氏の遺作であり，酪農・乳業に関係する方々が手軽に牛乳や乳製品について勉強できるように心配りされた書物である．しかし，発刊から20年が経ち内容を一新したいとのお話を幸書房の夏野雅博氏よりいただいた．故野口洋介氏は私の大先輩であり，改訂版を執筆するにあたり私では力不足であることは十分認識しているものの，先輩の遺作をブラッシュアップすることは後輩の務めと考えお引き受けすることにした．

この20年間で酪農・乳業を取り巻く環境は大きく変化した．第一に，日本人の牛乳消費量が減少し発酵乳やチーズの消費量が増加した．同時に，酪農家の戸数が減少する一方で，年間生乳出荷量が1,000トンを超えるメガファームが現れ，10,000トンを超えるギガファームも珍しくない．それに伴い，牛1頭あたりの生乳生産量は世界でもトップレベルの水準となった．

第二は，食品企業のみならず産業界全体で商品の安全性やデータの信頼性が疑われる事件が多発し，生活者が商品をみる目が厳しくなった．そのため，酪農・乳業に関わる者はHACCPをはじめとした品質保証や食品衛生に関する基本的な知識を身につけることが求められるようになった．

第三には，高齢化社会を迎え生活者の健康志向が高まり，様々な健康機能を訴求する商品が上市されるようになった．牛乳・乳製品は健康維持に必要な多種類の栄養成分を含むだけでなく，健康状態を改善，あるいは疾患を予防する機能があり，このことはすでに7世紀には日本人の一部でも認識されていた．しかし，牛乳・乳製品の健康機能が科学的に証明される一方で，牛乳・乳製品に対する誤った似非科学情報も喧伝され，多くの人を混乱させた．

そして第四として，日本の大学における酪農科学研究が激減した点が挙げられる．乳酸菌や乳成分の健康機能に関する研究は健在だが，乳製品の品質改良，新しい製造技術や商品開発の基礎となる乳の基盤研究は今や絶滅寸前となった．このため，海外にて進展中の最新乳科学に関する成果を解説した文献や書籍は日本では希少である．

改訂版では，以上の情勢変化を考慮した構成とした．可能な限り最新の知見を盛り込んだつもりであるが，フォローしきれていない可能性もある．また，脱稿後の2017年7月に合意されたEPAの合意内容については巻末に「追記」として記載した．初版に記載してあった官能評価については，この20年間で目覚ましい進展を遂げ，質，量とも本書の中でカバーできる範囲を超えたので，他の専門書を読んでいただくことし，本書では割愛した．

本書が酪農・乳業に関わる方々，および酪農・乳業に関心がある全ての方の参考となり，日本の酪農・乳業の発展に寄与できれば幸甚である．

本書を執筆するにあたり，夏野雅博氏をはじめとした幸書房の方々には大変お世話になった．また，資料収集などでご協力していただいた雪印メグミルク（株）および酪農乳業関係団体の方々に厚く御礼申し上げます.

2017 年 9 月

堂 迫 俊 一

目　　次

1. 乳　の　科　学　……………………………………… 1

1.1　各種動物乳の成分組成　…………………………… 1
1.1.1　牛乳の成分組成……………………………………… 2
1.1.2　人乳の成分組成……………………………………… 5
1.1.3　ヤギ，ヒツジ，水牛，ラクダ，ウマの乳組成………… 6
1.1.4　その他各種動物乳の一般成分組成…………………… 7
1.2　乳　脂　肪　……………………………………… 8
1.2.1　脂肪酸と脂肪……………………………………… 8
1.2.2　牛乳の脂肪酸組成…………………………………11
1.2.3　トランス脂肪酸および共役リノール酸……………13
1.2.4　リン脂質……………………………………………14
1.2.5　糖 脂 質……………………………………………15
1.2.6　脂肪球および脂肪球皮膜……………………………16
1.2.7　乳脂肪の物理化学的性質……………………………18
1.2.8　クリーミング…………………………………………21
1.2.9　結 晶 化……………………………………………22
1.2.10　脂質の自動酸化　…………………………………23
1.3　糖　　　質　………………………………………25
1.3.1　乳糖（ラクトース：lactose, Lac）…………………25

1.3.2　乳中の微量糖質……27
1.3.3　オリゴ糖……28
1.3.4　オリゴ糖の生理機能……32
1.3.5　乳糖の溶解度と結晶化……32
1.4　たんぱく質……33
1.4.1　たんぱく質の基礎……33
1)　アミノ酸の種類と性質……33
2)　たんぱく質の構造と相互作用……37
1.4.2　乳たんぱく質……40
1.4.3　カゼイン……42
1)　カゼインの１次構造と高次構造……42
2)　カゼインミセル……49
3)　カゼインミセルの生合成……53
4)　カゼインミセルの安定性と不安定化……55
1.4.4　ホエイたんぱく質……59
1)　β-ラクトグロブリン（β-Lg）……60
2)　α-ラクトアルブミン（α-La）……60
3)　ラクトフェリン（LF）……64
4)　乳塩基性たんぱく質（milk basic protein：MBP）……66
5)　ラクトパーオキシダーゼ（lactoperoxidase：LP）……68
6)　カゼインマクロペプチド（CMP）……70
1.5　加熱の影響……71
1.5.1　加熱による pH の変化……71
1.5.2　メイラード反応……72
1.5.3　加温による皮膜形成……74

1.5.4　加熱によるカゼインの変化……76
1)　β-Lg との相互作用……76
2)　κ-CN の遊離……77
3)　ミネラルの変化……78
4)　アミノ酸の変化……79
1.6　乳 の 進 化……80
1.6.1　卵から乳へ……80
1.6.2　カゼインの進化……81
1.6.3　β-ラクトグロブリン（β-Lg）の進化……82

2.　牛乳・乳製品と微生物……86

2.1　微生物の基礎……86
2.1.1　微生物の種類……86
2.1.2　細菌の生育に及ぼす因子……88
1)　栄　養……88
2)　水分活性……89
3)　温　度……90
4)　pH……93
5)　光……94
6)　酸　素……94
2.1.3　細菌の増殖……95
2.2　乳　酸　菌……96
2.2.1　乳酸菌の定義……97
2.2.2　乳酸菌の発酵形式……97

2.2.3　乳製品に利用される乳酸菌……99
2.2.4　たんぱく質の分解……101
2.2.5　クエン酸の発酵……102
2.2.6　脂肪の分解……102
2.2.7　菌体外多糖類（exopolysaccharide：EPS）……103
2.2.8　乳製品に利用される乳酸菌以外の微生物……103
1）　プロピオン酸菌
（*Propionibacterium freudenreichii* subsp. *shermanii*）103
2）　リネンス菌（*Brevibacterium linens*）……104
3）　カビ類……104
2.2.9　スターター……104
1）　フレッシュカルチャー法……105
2）　濃縮スターター法……106
2.2.10　ファージ対策……106

3.　乳製品の製造……108

3.1　主な乳製品……108
3.2　牛　　乳……110
3.2.1　牛乳の種類……110
3.2.2　牛乳の一般的な製造工程……112
1）　受入検査および清澄化……112
2）　均質化……114
3）　殺　菌……115
4）　充填・包装……118

5)　賞味期限の長い牛乳…………………………… 120
3.3　バ　タ　ー　…………………………………… 121
3.3.1　バターの種類…………………………………… 121
3.3.2　バターの製造…………………………………… 122
3.3.3　バター特性の季節変動………………………… 125
3.3.4　乳脂肪の改質…………………………………… 126
1)　分別乳脂肪の利用………………………………… 126
2)　飼料による改質…………………………………… 126
3)　コレステロール低減バター……………………… 126
3.4　発　酵　乳　…………………………………… 127
3.4.1　発酵乳および乳酸菌飲料の規格……………… 127
3.4.2　発酵乳の種類と製造法………………………… 128
3.4.3　発酵乳・乳酸菌飲料に用いられる乳酸菌…… 130
3.4.4　ヨーグルトの品質に及ぼす影響……………… 131
1)　品質に影響する因子……………………………… 131
2)　原　料……………………………………………… 131
3)　殺　菌……………………………………………… 133
4)　保　存……………………………………………… 135
3.5　チ　ー　ズ　…………………………………… 135
3.5.1　チーズの規格と種類…………………………… 136
3.5.2　チーズの製造法………………………………… 138
1)　原料乳……………………………………………… 138
2)　殺　菌……………………………………………… 140
3)　乳酸菌およびレンネット添加…………………… 141
4)　カッティングおよびホエイ排除………………… 143

5)　熟　成 …… 145
6)　プロセスチーズ（processed cheese） …… 147
7)　新しいチーズ製造技術 …… 149

4.　牛乳・乳製品の品質保証 …… 152

4.1　品質保証の考え方 …… 152
4.1.1　品質保証の PDCA サイクル …… 152
4.1.2　商品の品質要件 …… 154
4.1.3　是正措置と予防措置 …… 157
4.1.4　危機管理体制 …… 159
4.2　食品衛生の基礎 …… 160
4.2.1　化学的危害 …… 160
4.2.2　微生物的危害 …… 162
4.2.3　物理的危害および異物対策 …… 165
4.3　食品工場における汚染防止対策 …… 167
4.3.1　ゾーニングとバリヤー …… 167
4.3.2　空気と床 …… 168
4.3.3　洗　浄 …… 169
4.4　消費期限と賞味期限 …… 169
4.4.1　消費期限と賞味期限の定義 …… 169
4.4.2　消費期限および賞味期限の設定 …… 170
4.4.3　保存試験 …… 171

5.　乳・乳製品の栄養健康機能 …… 173

5.1　乳・乳製品の栄養 …… 173
5.2　乳糖不耐症 …… 175
5.3　乳・乳製品とメタボリックシンドローム …… 177
5.3.1　高 血 圧 …… 177
5.3.2　糖尿病予防 …… 179
5.3.3　乳製品摂取と血清脂質の関係 …… 181
5.3.4　トランス脂肪酸 …… 183
5.3.5　乳・乳製品と肥満 …… 184
5.4　乳製品と虫歯予防 …… 185
5.5　乳製品と骨の健康 …… 187
5.6　乳製品と運動 …… 190
5.7　最近わかってきた乳製品の健康効果 …… 191
5.7.1　美肌効果 …… 191
5.7.2　認知症予防効果 …… 192

6.　酪農・乳業史概論 …… 195

6.1　乳利用の起源 …… 195
6.2　日本における乳文化の伝来 …… 199
6.3　江戸時代の乳文化 …… 205
6.4　明治時代以降の乳文化 …… 209
6.4.1　東京における発展 …… 212
6.4.2　千葉県安房地区における発展 …… 214

6.4.3　北海道における発展…… 215
6.4.4　明治以降の酪農乳業の発展のまとめ…… 216
6.5　学校給食と牛乳 …… 216

7.　酪農乳業の現状 …… 219

7.1　牛乳・乳製品の生産および消費量 …… 219
7.1.1　世界の酪農および生乳生産量…… 219
7.1.2　日本における乳牛飼育…… 221
7.1.3　日本における酪農の発展と課題…… 224
7.1.4　世界の乳製品生産状況…… 225
7.1.5　乳製品の貿易と関税…… 229
1)　貿　易…… 229
2)　関　税…… 230
7.2　乳製品の消費動向 …… 233
7.3　生乳取引の仕組み …… 235
7.3.1　指定生産者団体…… 235
7.3.2　生乳価格…… 237
7.3.3　海外の仕組み…… 238
7.4　地理的表示法（GI: geographical indication） …… 240
7.4.1　ヨーロッパにおける品質承認システム…… 240
7.4.2　日本における地理的表示…… 243

索　引…… 249
追　記…… 263

1. 乳 の 科 学

1.1 各種動物乳の成分組成

乳の成分組成は哺乳動物の種類により異なるが，主要な成分を図 1.1 に示す．乳の大部分は水分である．固形分は脂肪，たんぱく質，糖質，灰分である．脂肪を除いた乳が脱脂乳であり，20℃にて pH を 4.6 に調整したときに沈殿してくる画分がカゼイン（casein），上清をホエイ（whey）という．ホエイを「ホエー」と表記することもあるが，ここでは「乳及び乳製品の成分規格等に関する省令」

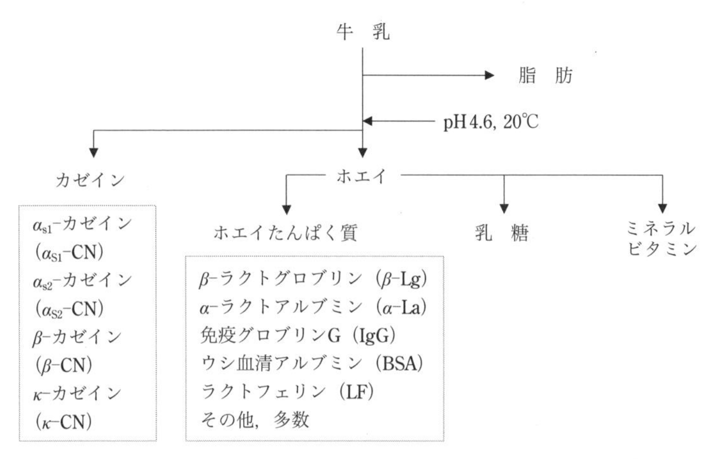

図 1.1 牛乳の主要成分

(通称，乳等省令）の表記に従って「ホエイ」と表記する．カゼインにはα_{S1}-カゼイン（α_{S1}-casein，アルファエスワンカゼインと呼ぶ．以後，α_{S1}-CN と表記する），α_{S2}-カゼイン（α_{S2}-casein，アルファエスツーカゼインと呼ぶ．α_{S2}-CN）（α に s をつけて表記する理由は，カルシウムに感受性が高い（sensitive）ことに由来している），β-カゼイン（β-casein，ベータカゼインと呼ぶ．β-CN），および κ-カゼイン（κ-casein，カッパカゼインと呼ぶ．κ-CN）がある．ホエイの主成分は乳糖である．ホエイには乳糖の他にもたんぱく質（ホエイたんぱく質），ミネラル，ビタミン，有機酸，および微量成分が含まれる．搾乳しただけの生乳には体細胞や細菌が含まれているほか，ゴミなども混入している場合がある．

1.1.1　牛乳の成分組成

牛乳の一般成分をウシの品種別に分析した結果[1,2]を表 1.1 に示す．ジャージーおよびガンジー種の牛乳はホルスタイン種の牛乳に

表 1.1　牛の品種別一般成分組成（g/100g）

品種	全固形	脂肪	粗たんぱく質	乳糖	灰分
エアシャー	12.51–13.11	3.69–4.14	3.37–3.59	4.53–4.69	0.68–0.75
ブラウンスイス	12.69–13.41	3.80–4.16	3.51–3.93	4.80–5.04	0.72–0.78
ガンジー	13.57–14.87	4.49–5.19	3.57–4.01	4.52–4.91	0.74–0.80
ホルスタイン	11.91–12.50	3.46–3.62	3.13–3.42	4.46–4.85	0.68–0.75
ホルスタイン	12.3	3.7	3.2	4.7	0.7
ジャージー	14.09–14.15	4.96–5.26	3.86–4.10	4.70–4.94	0.70–0.83
ジャージー	14.1	5.1	3.6	4.7	0.7
ショートホーン	12.27	3.47–3.53	3.32	4.51–4.66	0.74–0.76
レッドポール	13.28	4.24	3.70	4.77	0.72

文献 1, 2) より．

表 1.2　牛乳のミネラル組成（mg/100g）

ミネラル	文献値	5 訂食品成分表	
		ホルスタイン	ジャージー
Ca	104.3 – 128.3	110	130
Mg	9.7 – 14.6	10	13
無機 P	93.0 – 99.2	91	110
クエン酸	132.3 – 207.9		
Na	39.1 – 64.4	40	55
K	121.2 – 168.1	140	140
Cl	77.2 – 120.7		
Fe		痕跡	0.1
Zn		0.4	0.4
Cu		痕跡	0.01

文献 3) より.

表 1.3　牛乳中のビタミン含量

ビタミン			ホルスタイン	ジャージー
ビタミン A	(μg)	レチノール	37	50
		カロテン	5	6
		レチノール当量	38	51
ビタミン D	(μg)		痕跡	痕跡
ビタミン E	(mg)		0.1	0.1
ビタミン K	(μg)		1	1
ビタミン B_1	(mg)		0.04	0.02
ビタミン B_2	(mg)		0.15	0.21
ナイアシン	(mg)		0.1	0.1
ビタミン B_6	(mg)		0.03	0.03
ビタミン B_{12}	(μg)		0.3	0.4
葉　酸	(μg)		5	3
パントテン酸	(mg)		0.53	0.24
ビタミン C	(mg)		1	1

文献 3).

比べ固形分，脂肪およびたんぱく質含量がやや高く濃厚な味であり，チーズを製造する場合には歩留まりが高い．

表 1.2 にはミネラル組成を示す[3]．カルシウム（Ca）含量が高いほか，リン（P）およびカリウム（K）含量も高い．一方，鉄（Fe）や銅（Cu）は痕跡程度しか含まれていない．牛乳中のビタミンに

表 1.4 日本人の泌乳期別一般成分の変化

泌乳期	3〜5日		6〜10日		11〜15日		16〜30日		31〜60日		61〜120日		121〜240日		241〜482日	
季節	冬	夏	冬	夏	冬	夏	冬	夏	冬	夏	冬	夏	冬	夏	冬	夏
エネルギー (kcal/dL)	63.2	68.1	65.5	67.6	71.3	69.5	68.6	68.9	67.6	68.5	65.1	67.3	65.7	65.7	61.9	62.6
全固形分 (g/dL)	12.3	13.1	12.5	12.9	13.1	13.0	12.7	12.9	12.5	12.6	12.1	12.4	12.0	12.2	11.7	11.8
粗たんぱく質 (g/dL)	2.04	2.21	1.94	1.93	1.68	1.63	1.53	1.46	1.36	1.33	1.17	1.18	1.09	1.13	1.13	1.11
脂　肪 (g/dL)	3.06	3.38	3.34	3.47	3.99	3.74	3.74	3.67	3.71	3.81	3.51	3.71	3.72	3.56	3.18	3.26
乳　糖 (g/dL)	5.16	5.24	5.29	5.56	5.59	5.58	5.83	6.12	5.89	6.22	6.03	6.38	6.10	6.33	6.10	6.44
灰　分 (g/dL)	0.32	0.29	0.31	0.33	0.26	0.29	0.23	0.26	0.23	0.23	0.21	0.22	0.22	0.22	0.20	0.23
差引糖質 (g/dL)	6.88	7.22	6.91	7.17	7.17	7.34	7.20	7.51	7.20	7.23	7.21	7.29	6.97	7.29	7.19	7.20
ナトリウム (mg/dL)	30.0	37.4	26.5	28.4	20.4	23.6	17.5	17.1	15.2	15.9	13.0	13.6	12.2	13.0	13.0	15.4
カリウム (mg/dL)	74.1	73.4	70.8	75.8	61.4	62.4	57.7	60.5	53.8	55.5	45.7	51.7	47.4	49.9	46.1	46.7
塩　素 (mg/dL)	62.8	74.0	57.5	59.1	44.4	50.4	41.2	40.5	39.6	42.1	39.8	41.6	39.7	41.9	41.5	44.6
カルシウム (mg/dL)	30.3	28.4	30.2	29.9	27.4	27.2	28.2	27.8	29.3	28.6	27.5	28.3	25.9	26.0	23.1	23.1
マグネシウム (mg/dL)	2.85	2.91	2.78	2.91	2.59	2.61	2.37	2.34	2.45	2.46	2.94	2.92	2.99	3.14	2.97	2.97
リ　ン (mg/dL)	17.5	16.0	18.7	18.4	18.2	17.8	17.2	17.4	16.2	15.9	14.0	14.0	13.5	13.6	12.8	12.2
鉄 (μg/dL)	43.3	46.9	39.6	44.4	45.7	43.2	36.7	39.8	34.8	35.9	27.7	29.5	24.4	25.1	20.9	28.2
亜　鉛 (μg/dL)	487	549	411	434	352	373	280	302	207	226	125	139	80.9	98.7	62.5	76.2
銅 (μg/dL)	47.2	47.9	54.1	55.2	40.9	50.3	40.6	44.0	33.6	35.6	23.2	25.0	19.4	20.6	13.7	13.7

文献 4)．

関しては，ビタミンA，B_2，B_{12}，パントテン酸などが多く，ビタミンDやCは少ない[2]（表1.3）．ビタミンDは骨の健康に重要な栄養素であり，それ故に，欧米では牛乳にビタミンDを添加して強化している．

1.1.2 人乳の成分組成

人乳の成分組成を知ることは乳児用調整粉乳の組成を決めるうえで必須となる．表1.4に，日本人の人乳の一般成分およびミネラル組成を泌乳期毎に調査した結果を示す[4]．牛乳（表1.1，表1.2）と比べて人乳は固形分の値が低く，たんぱく質およびミネラル含量も低い．特にCaは牛乳の1/3～1/4しかない．一方，乳糖およびFeは牛乳より多い．たんぱく質およびMgとPを除くミネラルは，泌乳期とともに減少していく傾向がある．しかし，脂肪，乳糖などには大きな変動はない．また，季節的な変動もほとんどない．人乳中のビタミンは，牛乳（表1.3）のそれと同様にビタミンAが多いが，ビタミンB_{12}や葉酸は少ない[5]（表1.5）．

表1.5 人乳中のビタミン組成（100g当たり）

ビタミンA (μg)			ビタミンD	ビタミンE	ビタミンK	ビタミンB_1	ビタミンB_2	ナイアシン	ビタミンB_6	ビタミンB_{12}	葉酸	パントテン酸	ビオチン	ビタミンC
レチノール	β-カロテン当量	レチノール当量	μg	mg	μg	mg	mg	mg	mg	μg	μg	mg	μg	mg
45	12	46	0.3	0.5	1	0.01	0.03	0.2	痕跡	痕跡	痕跡	0.5	0.5	5

文献2)．

1.1.3 ヤギ，ヒツジ，水牛，ラクダ，ウマの乳組成

人間が乳を得るために利用しているウシ以外の動物で主なものは，ヤギ，ヒツジ，水牛，ラクダ，ウマである．これら動物から得た乳の一般成分組成を表 1.6 に示す[5-9]．ヒツジおよび水牛の乳は牛乳（表 1.1）に比べ固形分，脂肪およびたんぱく質濃度が高い．それ故に，これらの乳から作ったチーズは濃厚な味がし，世界中に多くの愛好家がいる．一方，ウマの乳は固形分，脂肪，たんぱく質，および灰分が低く，乳糖が高いことが特徴である．脂肪を除いては，人乳の組成（表 1.4）によく似ている．モンゴルでは昔から馬乳を利用してきたが，馬乳からヨーグルトやチーズを作ることはしない．なぜなら，固形分およびたんぱく質含量が低いため，ふわふわした凝固物は生成するが，しっかりしたカードができないためである．その代わり，乳糖濃度が高いことから馬乳酒を作り，1 日に何度でも飲む習慣がある．ラクダ乳はモンゴルや中近東にて利用されているが，飲用が主目的であり，ヨーグルトやチーズとしては利用されていなかった．その理由については後述するが，最近は遺伝子組み換え技術を用いた「ラクダレンネット」が開発され，ラクダチーズが市販されている．

表 1.6 ヒツジ，水牛，ラクダ，ヤギ，ウマの乳組成（%）

成分	ヒツジ	水牛	ラクダ	ヤギ	蒙古野馬
全固形	18.40	16.3	12–14	12.9	10.5
脂肪	7.09	6.7	2.9–5.4	4.1	1.5
粗たんぱく質	5.72	4.7	3.0–3.9	3.5	1.6
乳糖	4.61	4.6	3.3–5.8	4.5	6.7
灰分	0.91	0.8	0.6–1.0	0.8	0.3

文献 5- 9).

1.1.4　その他各種動物乳の一般成分組成

表 1.7 には各種動物乳の一般成分組成を示す[1, 10–13]．動物の生活環境，食習慣，成長速度など様々な要因が乳成分と関係していると考えられているが，詳しいことは不明である．オットセイやクジラなど水生動物は固形分が高く，特に脂肪含量が高い．このため，乳は

表 1.7　各種動物乳の組成

<table>
<tr><th>動物</th><th>全固形
(g/100g)</th><th>脂肪
(g/100g)</th><th>カゼイン
(g/100g)</th><th>ホエイたんぱく質 (g/100g)</th><th>乳糖
(g/100g)</th><th>灰分
(g/100g)</th><th>文献</th></tr>
<tr><td>ハリモグラ</td><td></td><td>9.6</td><td>7.3</td><td>5.2</td><td>0.9</td><td></td><td>10</td></tr>
<tr><td>アカカンガルー</td><td>20.0</td><td>3.4</td><td>2.3</td><td>2.3</td><td>6.7</td><td>1.4</td><td>10</td></tr>
<tr><td>ラット</td><td>21.0</td><td>10.3</td><td>6.4</td><td>1.5</td><td>3.0</td><td>0.8</td><td>1</td></tr>
<tr><td>ハイイロリス</td><td>39.6</td><td>24.7</td><td>5.0</td><td>2.4</td><td>3.7</td><td>1.0</td><td>10</td></tr>
<tr><td>ウサギ</td><td>32.8</td><td>15.3</td><td>9.3</td><td>4.6</td><td>2.1</td><td>1.8</td><td>1</td></tr>
<tr><td>イヌ</td><td>23.5</td><td>12.9</td><td>5.8</td><td>2.1</td><td>3.1</td><td>1.4</td><td>10</td></tr>
<tr><td>ネコ</td><td></td><td>4.8</td><td>3.7</td><td>3.3</td><td>4.8</td><td>1.0</td><td>10</td></tr>
<tr><td>チータ</td><td></td><td>6.5</td><td>3.4</td><td>6.5</td><td>4.0</td><td></td><td>11</td></tr>
<tr><td>ヤマネコ</td><td></td><td>15.4</td><td>11.8</td><td>4.1</td><td>0.7</td><td></td><td>11</td></tr>
<tr><td>ライオン</td><td>30.2</td><td>17.5</td><td>5.7</td><td>3.6</td><td>3.4</td><td></td><td>10</td></tr>
<tr><td>オットセイ</td><td>61.0</td><td>45.6</td><td colspan="2">12.4</td><td>検出限界以下</td><td>0.6</td><td>12</td></tr>
<tr><td>シロナガスクジラ</td><td>57.1</td><td>42.3</td><td>7.2</td><td>3.7</td><td>1.3</td><td>1.4</td><td>10</td></tr>
<tr><td>ロバ</td><td>11.7</td><td>1.4</td><td>1.0</td><td>1.0</td><td>7.4</td><td>1.0</td><td>1</td></tr>
<tr><td>ガゼル</td><td></td><td>14.5</td><td>6.0</td><td>1.4</td><td>4.3</td><td></td><td>11</td></tr>
<tr><td>アフリカゾウ</td><td></td><td>8.7</td><td>3.2</td><td>2.0</td><td>1.6</td><td></td><td>11</td></tr>
<tr><td>白サイ</td><td></td><td>0.7</td><td>0.3</td><td>1.3</td><td>7.5</td><td></td><td>11</td></tr>
<tr><td>ブタ</td><td>18.8</td><td>6.8</td><td>2.6</td><td>2.0</td><td>6.5</td><td>1.0</td><td>1</td></tr>
<tr><td>チンパンジー</td><td>11.9</td><td>3.6</td><td colspan="2">1.2</td><td>6.9</td><td>0.2</td><td>13</td></tr>
<tr><td>ローランドゴリラ</td><td>9.4</td><td>1.4</td><td colspan="2">2.2</td><td>6.2</td><td>0.3</td><td>13</td></tr>
<tr><td>オランウータン</td><td>11.5</td><td>3.5</td><td colspan="2">1.4</td><td>6.0</td><td>0.2</td><td>13</td></tr>
<tr><td>白手長ザル</td><td>11.3</td><td>3.4</td><td colspan="2">1.3</td><td>8.3</td><td></td><td>13</td></tr>
<tr><td>ヒヒ</td><td>14.4</td><td>5.0</td><td colspan="2">1.6</td><td>7.3</td><td>0.3</td><td>13</td></tr>
<tr><td>カニクイザル</td><td>12.2</td><td>5.2</td><td colspan="2">1.6</td><td></td><td>0.4</td><td>13</td></tr>
<tr><td>ニホンザル</td><td>14.0</td><td>4.2</td><td colspan="2">1.6</td><td>6.2</td><td></td><td>13</td></tr>
</table>

ドロッとした物性である．また，乳糖含量が極めて低く，検出限界以下である．したがって，脂肪が主要なエネルギー源であり，寒冷な海洋で生活するのに適した乳組成になっていると思われる．有袋類の一種であるタマーワラビーでは，生後200～250日の時点で乳組成が大きく変化する．200日までは乳の炭水化物含量が高く，たんぱく質や脂肪は低い．しかし，250日を過ぎると脂肪およびたんぱく質濃度が上昇し，炭水化物は減少する．これは，仔の栄養要求に合わせた変化と考えられている[14]．

動物園などで出産した動物は野生とは異なり，自分で哺乳できない場合がある．あるいは，流氷に乗って親と離ればなれになり，北海道の沿岸に流れ着くオットセイの赤ちゃんもいる．このような動物たちを救うためには親の乳に近い組成の人工乳を調製し，仔に与えなければならない．各種動物乳の成分組成はこうした人工乳を調製するために必須となる．

1.2 乳 脂 肪

1.2.1 脂肪酸と脂肪

脂肪酸とは炭化水素とカルボキシル基からなり，C_mH_n-COOHと表される．ここで，mとnはそれぞれ炭素および水素の数を表す．脂肪酸は二重結合の数による分類，炭素数による分類，さらには幾何学的異性体による分類などがある（図1.2）．幾何学的異性体，すなわちシス型とトランス型の構造を図1.3に示す．トランス型脂肪酸をトランス脂肪酸（trans-fatty acid, TFA）と呼び，昨今，健康への悪い影響が話題となっている．グリセリンとの結合サイトとは反

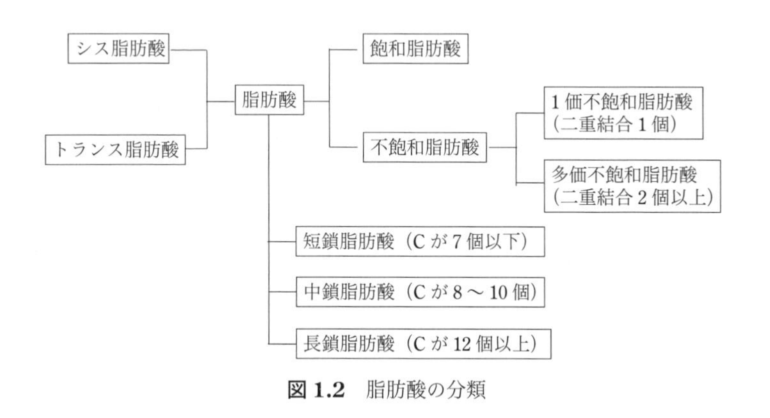

図 1.2 脂肪酸の分類

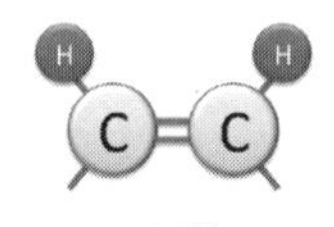

cis 型
水素（H）が同じ側にある

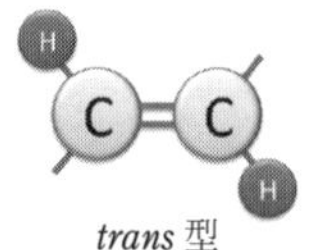

trans 型
水素（H）が反対側にある

図 1.3 シス脂肪酸およびトランス脂肪酸

対側（ω位）の炭素を1番とし，そこから数えて最初の二重結合が3番目の脂肪酸をω3系（n3系），6番目の脂肪酸をω6系（n6系），9番目の脂肪酸をω9系（n9系）脂肪酸と呼ぶ（図1.4）．これらの脂肪酸は特に健康との関係が深い．

多種類の脂肪酸が存在するが，脂肪酸を表記する場合，図1.5に示すような表記をする場合が多い．牛乳中の脂肪は，一般的にはグリセリンに脂肪酸が3個結合したもの（トリアシルグリセロール：triacylglycerol，慣用的にはトリグリセリド：triglyceride, TG）を指すが，それ以外の脂肪も少量存在している（図1.6）．

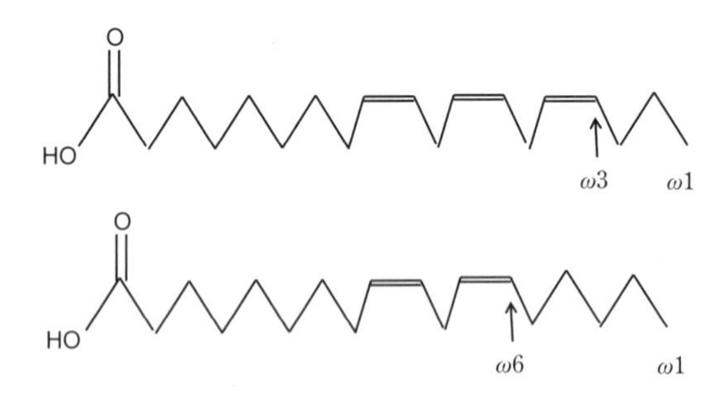

上：αリノレン酸 ω3 系（n3 系）．ω1 の炭素から 3 番目の炭素に最初の二重結合がある

下：リノール酸 ω6 系（n6 系）．ω1 の炭素から 6 番目の炭素に最初の二重結合がある

図 1.4　ω 3 系および ω6 系脂肪酸の構造

表記	慣用名称	化学式	説明
4:0	酪酸	$CH_3-(CH_2)_2-COOH$	COOH の C を 1 位とし，C が 4 個で二重結合がないので 4:0 と記載
16:1	パルミトレイン酸	$CH_3-(CH_2)_5CH=CH-(CH_2)_7-COOH$	COOH の C を 1 位とし，C が 16 個で二重結合が 1 個なので 16:0 と記載

図 1.5　脂肪酸の構造と表記

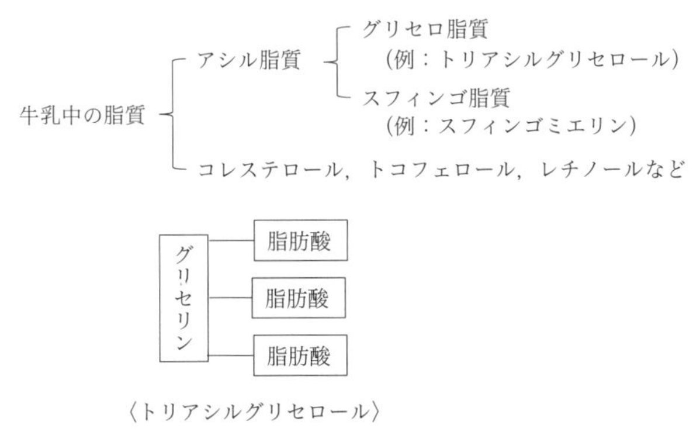

図 1.6 牛乳の主な脂質

1.2.2 牛乳の脂肪酸組成

牛乳にはリン脂質やコレステロールなどの脂質も含まれている[15)]（表 1.8）．牛乳の脂肪酸組成[16,17)]を表 1.9 に示す．特徴的な点は飽和脂肪酸が多く，脂肪酸の 63 ～ 66%を占めることである．飽和脂肪酸は安定であり酸化されにくいが，不飽和脂肪酸の二重結合は酸化されやすく，異風味の原因となる．構成脂肪酸ではミリスチン酸

表 1.8 牛乳・乳製品の総脂肪，リン脂質，コレステロールおよび遊離脂肪酸組成（%）

乳・乳製品	総脂肪	リン脂質	コレステロール	遊離脂肪酸
生乳	4	0.035	0.014	0.008
クリーム（脂肪率 40%）	40	0.21	0.12	0.06
脂肪率 40%のクリームから分離したバターミルク	0.6	0.13	0.012	0.002

文献 15).

表 1.9 生乳 100g 当たりの脂肪酸組成

脂肪酸	ジャージー	ホルスタイン	融点（℃）
脂肪（g）	5.1	3.7	
総脂肪酸（g）	4.64	3.57	
飽和脂肪酸（g）	3.37	2.36	
飽和脂肪酸 / 脂肪（%）	66.1	63.8	
1 価不飽和脂肪酸（g）	1.09	1.06	
多価不飽和脂肪酸（g）	0.18	0.15	
n3 系多価不飽和脂肪酸（g）	0.02	0.02	
n6 系多価不飽和脂肪酸（g）	0.16	0.13	
4:0 酪酸（mg）	170	72	
6:0 ヘキサン酸（mg）	110	46	–4.0
8:0 オクタン酸（mg）	64	27	16.0
10:0 デカン酸（カプリン酸）（mg）	150	62	31.6
12:0 ラウリン酸（mg）	160	73	44.2
14:0 ミリスチン酸（mg）	510	330	54.4
15:0 ペンタデカン酸（mg）	45	53	
16:0 パルミチン酸（mg）	1,400	1,209	62.9
17:0 ヘプタデカン酸（mg）	27	46	
18:0 ステアリン酸（mg）	710	470	69.6
20:0 アラキジン酸（mg）	9	6	
10:1 デセン酸（mg）	10	6	
14:1 ミリストレイン酸（mg）	27	25	
16:1 パルミトレイン酸（mg）	54	57	
17:1 ヘプタデセン酸（mg）	0	11	
18:1 オレイン酸（mg）	990	950	13.4
20:1 イコセン酸（mg）	7	8	75.3
18:2 n3 リノール酸（mg）	160	110	–5.1
18:3 n3 α-リノレン酸（mg）	22	15	–11.2
18:3 n6 γ-リノレン酸（mg）	0	5	
20:2 n6 イコサトリエン酸（mg）	0	6	
20:4 n6 アラキドン酸（mg）	0	7	
20:5 n3 イコサペンタエン酸（mg）	0	1	
22:5 n3 ドコサペンタエン酸（mg）	0	2	

文献 17, 18) より改変.

(14:0)，パルミチン酸（16:0)，ステアリン酸（18:0)，およびオレイン酸（18:1）が多い．

牛乳の脂肪酸組成は泌乳期，季節，飼料組成などによって影響を受けやすく，ヒトへの健康効果を考慮して飼料組成を工夫することで飽和脂肪酸を減らし，不飽和脂肪酸を増やす研究[18]も行われている．

1.2.3 トランス脂肪酸および共役リノール酸

健康に悪影響があるとされるトランス脂肪酸は主としてエライジン酸（elaidic acid, trans-9, 18:1）であり，植物油に水素添加する工程で副産物として産生する．一方，牛乳中のトランス酸はほとんどがバクセン酸（vaccenic acid, trans-11, 18:1）であり，反芻動物の胃内に生息する微生物の作用で生成し，乳や肉に少量含まれる．バクセン酸については健康上の問題は報告されていない．また，バクセン酸はヒトの生体内で共役リノール酸（conjugated linoleic acid：CLA）に変換される[19]．植物油への水素添加工程で生じるトランス酸を iTFA，反芻胃内で生成される天然の TFA を rTFA と表記することが多い．

共役リノール酸とは，-C=C-C=C- のような構造を持つ脂肪酸でトランス酸の一種である．牛乳中の共役リノール酸はほとんどが cis-9, trans-11 CLA である．この共役リノール酸は生体で体脂肪の低減，心筋梗塞や糖尿病のリスク低下など有益な働きをすることが知られている[20,21]．

CODEX[22]では，トランス脂肪酸の定義を「1 価および多価不飽和脂肪酸で，非共役炭素-炭素二重結合をトランス型で有するあらゆる幾何異性体」としている．健康面への利点を考慮して，共役リノール酸はこの定義からは除外されている．CODEXの定義ではiTFAとrTFAは同列で扱われているが，国際酪農連盟（International Dairy Federation：IDF）では両者を区別し，rTFAは摂取規制対象に含めないようにすることを主張しているが，結論は出ていない（2015年4月時点）．

1.2.4 リン脂質

表1.10には主な食品中のリン脂質組成を示す[23]．リン脂質にはホスファチジルコリン（phosphatidylcholine：PC，レシチンとも呼ばれる），ホスファチジルエタノールアミン（phosphatidylethanolamine：PE），ホスファチジルイノシトール（phosphatidylinositol：PI），ホスファチジルセリン（phosphatidylserine：PS）およびスフィンゴミエリン（sphingomyelin：SPM）がある．乳に特徴的なリン脂質はSPMであり，他の食品に比べて圧倒的に多い．

リン脂質はリンを含む脂質であり，様々な種類がある．それらの構造は複雑であり，代表的なリン脂質の基本構造を図1.7に示す．

表1.10 主な食品中のリン脂質組成および含量（リン脂質中の割合）（%）

リン脂質	大豆	卵	牛乳	魚類
ホスファチジルコリン（PC）	10–15	65–70	26	87.5
ホスファチジルエタノールアミン（PE）	9–12	9–13	30	5.8
ホスファチジルイノシトール（PI）	8–10		9	2.2
ホスファチジルセリン（PS）	1–2			
スフィンゴミエリン（SPM）		2–3	22	3.4

魚類：魚，魚卵，オキアミなど．文献23）より．

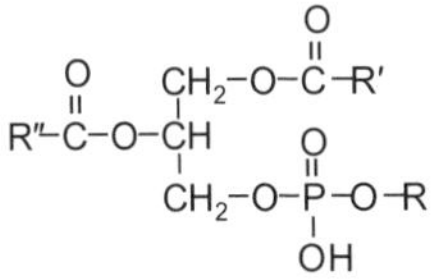

〈グリセロリン脂質の一般式〉
R′, R″：アシル基
R：アミノアルコールまたは
ポリオール

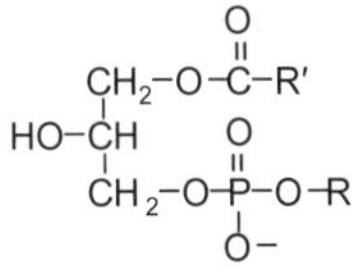

〈リゾリン脂質の一般式〉
R′：アシル基
R：アミノアルコールまたは
ポリオール

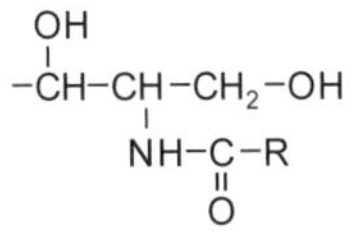

〈セラミド〉

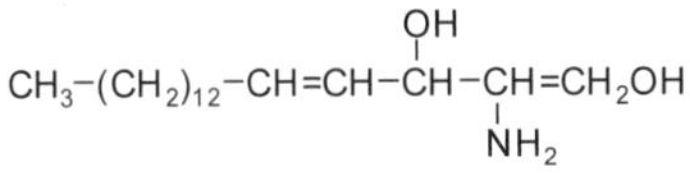

$CH_3-(CH_2)_{12}-CH=CH-CH(OH)-CH(NH_2)=CH_2OH$

〈スフィンゴシン〉

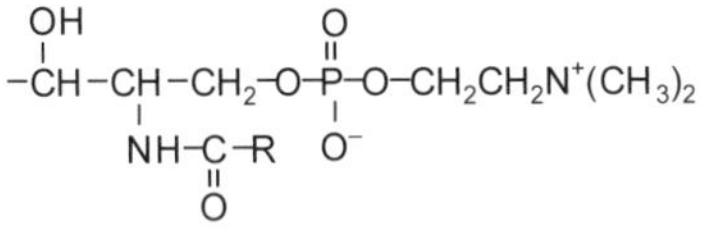

〈スフィンゴミエリン〉

図 1.7 グリセロリン脂質，リゾリン脂質，スフィンゴシン，セラミド，スフィンゴミエリンの構造

リン脂質は疎水性の強い炭化水素と，親水性が高いリン酸基を保有していることから，両親媒性（amphiphilic）を示す．このため，リン脂質は疎水性領域が脂肪球のトリグリセリド側に結合し，親水性領域を水に接触させ，脂肪球を安定化させている．特に，ホスファチジルコリン（レシチン）は乳化剤として食品工業で多く利用されている．また，乳に多く含まれる SPM をヒトに投与すると皮膚の水分を保持する効果が報告されており[24]，今後，食品素材や化粧品素材として期待される．

1.2.5 糖 脂 質

糖脂質は糖質と結合した脂質であり，様々な種類があるが，細胞膜の表面ではリン脂質と結合した状態で存在する．牛乳中には単糖が結合したセレブロシド（cerebroside）およびオリゴ糖を持つガングリオシド（ganglioside）が存在する．ガングリオシドにはシアル酸を1個持つもの（GM3）および2個持つもの（GD3）があり，それぞれの含量は13.1 μg/mLおよび24.5 μg/mLと報告されている[25]．

1.2.6 脂肪球および脂肪球皮膜

牛乳中では脂肪は水中に分散している．このような状態を水中油型エマルジョン（water-in-oil：W/O）という．一方，バターでは油中に水滴が分散している．これを油中水型エマルジョン（oil-in-water：O/W）という（図1.8）．本来，水と油は混ざり合わないが，乳化された状態で存在できるのは，脂肪球の周りが脂肪球皮膜で覆われているためである．想定されている脂肪球皮膜の構造[26]を図1.9に示す．皮膜にはたんぱく質，リン脂質，糖脂質など様々な成分が存在し，親水性（水となじむ）領域を外側に向け，疎水（油となじむ）領域を内側に向けて油滴を取り囲んでいると考えられている．表1.11には脂肪球皮膜の構成成分[27]を示す．脂肪球皮膜はた

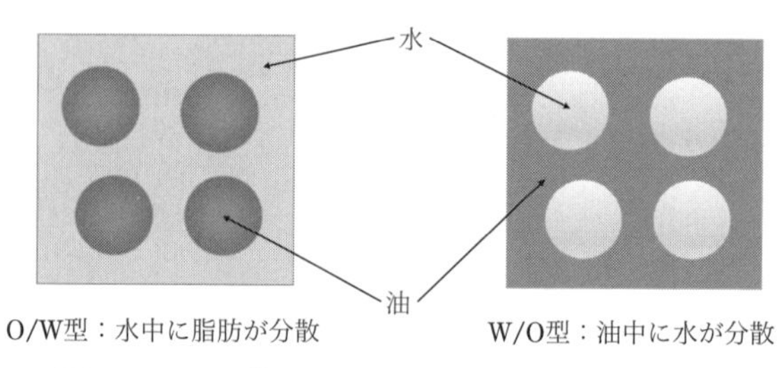

図1.8 O/W型エマルジョンとW/O型 エマルジョン

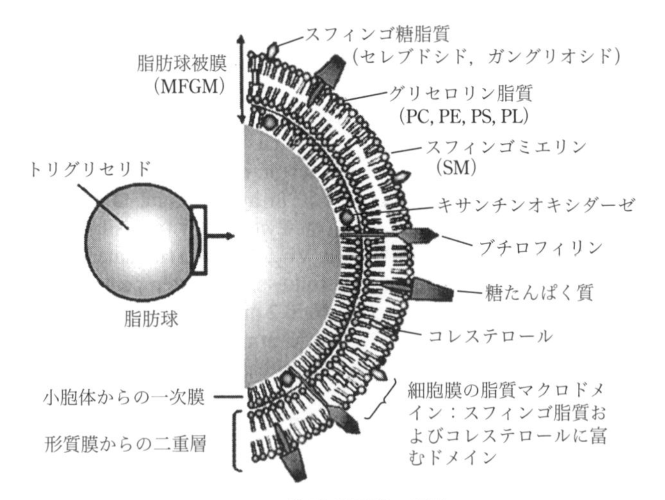

図 1.9 脂肪球被膜の構造

ブチロフィリン：MFGM の約 40% を占める主要たんぱく質．脂肪球分泌に関与すると考えられているが詳しいことは不明．
キサンチンオキシダーゼ：ヒポキサンチンをキサンチンに，さらに尿酸に変換させる酵素で，この反応にともない過酸化水素を生産する．
文献 26) より改変作図．

んぱく質と脂肪からなり，脂肪のうち約半分がリン脂質である．

脂肪球皮膜を構成するたんぱく質に関する研究は古くから行われており，研究者によって同一たんぱく質に対する呼び方が様々である．このため，Mather[28] は以下の 8 種類の呼び方に統一することを提案している．すなわち，ムチン 1（mucin 1：MUC1），キサンチンデヒドロゲナーゼ / オキシダーゼ（xanthine dehydrogenase/oxidase：XDH/XO），過ヨウ素酸シッフⅢ（periodic acid Schiff Ⅲ：PAS Ⅲ），分化クラスター（cluster of differentiation：CD36），ブチロフィリン（butyrophilin：BTN），アジポフィリン（adipophilin：

表 1.11 牛乳脂肪球皮膜の構成成分

成分	含量 平均（範囲）
たんぱく質	44.1（33–57）%
脂質	55.3（43–68）%
リン脂質	26.7（24–40）%
ホスファチジルコリン	32.9（25.7–42.9）%
ホスファチジルエタノールアミン	30.7（22.3–39.8）%
ホスファチジルセリン	7.8（2.0–14.0）%
ホスファチジルイノシトール	6.7（2.0–11.1）%
スフィンゴミエリン	22.8（19.0–35.5）%
リゾリン脂質	1.1（0.6–2.6）%
コレステロール	3.6（1.5–5.9）%
グリセリド	69.2（50–85）%
脂肪酸	6.3 %
炭化水素	1.2 %
セレブロシド	3.5 nmol
ガングリオシド	6 nmol
ヘキソース	78（32–154）μg
ヘキソサミン	12（9–129）μg
シアル酸	20（7–5.5）μg

文献 27) より．

ADPH)，過ヨウ素酸シッフ 6/7（periodic acid Schiff 6/7：PAS 6/7)，および脂肪酸結合たんぱく質（fatty-acid binding protein：FABP）である．これらの特徴を表 1.12 に示すが，未だ不明な点が多い．

1.2.7 乳脂肪の物理化学的性質

脂肪酸の融点は表 1.9 に示したとおりであり，乳脂肪全体の固化は 15 ～ 25℃である．比重，屈折率，酸価，けん化価，ヨウ素価，

表 1.12 脂肪球皮膜構成たんぱく質の特徴

脂肪球皮膜たんぱく質	推定分子量(kDa)	機能
ムチン 1 (MUC-1)	50.4–78.7 (ポリペプチド部分)	詳細不明．糖鎖を持ち，感染防御に関与すると考えられている
キサンチンデヒドロゲナーゼ/オキシダーゼ (XDH/XO)	293.6 (2 量体)	Fe, S, Mo などを含む酵素で，乳脂肪分泌に関与 XOD：キサンチン＋NAD^+＋H_2O ⇔ 尿酸＋NADH＋H^+ XO：ヒポキサンチン＋H_2O＋O_2⇔ キサンチン＋H_2O_2 キサンチン＋H_2O＋O_2⇔ 尿酸＋H_2O_2
過ヨウ素酸シッフⅢ (PAS Ⅲ)	95–100	不詳
分化クラスター (CD36)	77	長鎖脂肪酸の運搬に関与．詳細は不明
ブチロフィリン (BTN)	66	乳脂肪分泌に関与．免疫系にも関与
アジポフィリン (ADPH)		トリグリセリドや脂肪酸の輸送に関与
過ヨウ素酸シッフ 6/7 (PAS 6/7)	48–54	糖鎖がロタウィルスの感染を防御
脂肪酸結合たんぱく質 (FABP)	13	脂肪酸の輸送に関わると考えられているが詳細不明

文献 28) より．

粘度，熱伝導率，および電気伝導度[29,30]を表 1.13 に示す．粘度は温度に依存し，温度が上がると低下する．

酸価 (acid value) とは，油脂 1g 中の遊離脂肪酸を中和するために必要な水酸化カリウムの mg 数であり，新鮮な脂肪では酸価は低

表 1.13 乳脂肪の物理化学的性質

脂肪球径	比重（15℃）	屈折率（40℃）	酸価*	けん化価	ヨウ素価
0.1–10 μm (平均 3 μm)	0.935–0.944	1.445–1.4570	<2 (1.2–1.9)	210–245	25–47

文献 29) より．＊：文献 30) より．

いが，古くなると脂肪が分解され遊離脂肪酸になるために酸価が高くなる．けん化価（saponification）とは，油脂 1 g をけん化するのに必要なアルカリの mg 数である．けん化とは，

$$\begin{aligned} &\mathrm{R\text{-}COOCH_2CH(OOC\text{-}R)CH_2OOC\text{-}R + 3\,KOH} \\ &\rightarrow \mathrm{C_3H_5(OH)_3 + 3R\text{-}COOK} \qquad (1\text{-}1) \\ &(\mathrm{R}：\text{アルキル基}) \end{aligned}$$

で示される反応である．KOH の分子量は 56 であるから，けん化価 a は，

$$a = (56 \times 3/M) \times 1000\ (M：\text{油脂の分子量}) \qquad (1\text{-}2)$$

から算出できる．したがって，けん化価が高いほど構成脂肪酸の平均分子量が小さい．

ヨウ素価（iodine value）は脂肪中の不飽和度（二重結合の数）の指標であり，ヨウ素が二重結合に容易に結合する性質を利用している．油脂 100 g に付加するヨウ素（I_2，分子量 254）のグラム数で表される．油脂 Mg にヨウ素が n 個付加すれば，

$$M(\mathrm{g}) : 254n(\mathrm{g}) = 100(\mathrm{g}) : I_2(\mathrm{g}) \qquad (1\text{-}3)$$

から n を求めることができる．

1.2.8 クリーミング

牛乳を静置しておくと脂肪が浮上してくる．これをクリーミング（creaming）という．クリーミング速度 v はストークスの法則(Stoke's Law)，

$$v = a(\rho_m - \rho_f) d^2/18\eta_m \qquad (1\text{-}4)$$

から求めることができる．ここで，a は重力または遠心力による加速度で，静置の場合は 9.8 m/s^2，遠心力の場合は rω^2（r：遠心分離機の回転半径，ω：角速度で 2π×回転数（rpm）/60)，ρ は牛乳(m）または脂肪（f）の密度，d は脂肪球の直径，η_m は牛乳の粘度である．しかし，実際には脂肪球の大きさは一定ではないので（表1.13)，ストークスの法則から求められる浮上速度どおりにはならない．

脂肪球は脂肪球被膜に覆われ（図 1.9)，W/O 型のエマルジョン(図 1.8）として存在しているが，ずり応力により破壊され小さな脂肪球になる．飲用牛乳ではクリーミングを抑制するために，均質機(ホモゲナイザー：homogenizer）を通して脂肪球径を小さくしている．これを均質化（homogenization）という．均質化により脂肪球径は 2 μm 以下となる．脂肪球径が低下すると脂肪球全体の表面積が大きくなり，もともとあった脂肪球被膜ではカバーできなくなる．そこで，カゼインも脂肪球に吸着し，脂肪球を安定化する[31](図 1.10)．カゼインの 6 ～ 8%が脂肪球に吸着すると見積もられている．

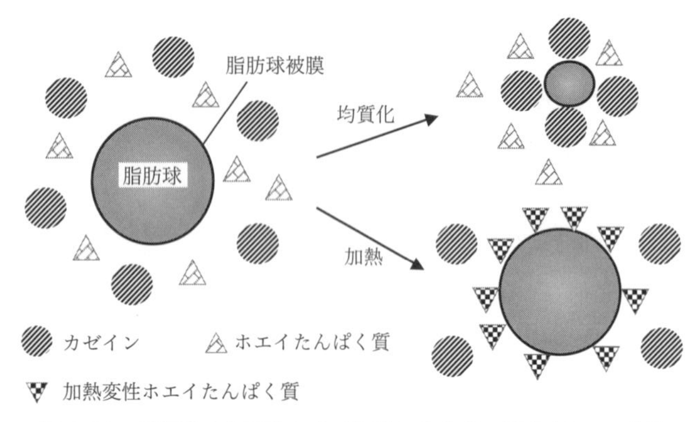

図 1.10 脂肪球を均質化および加熱したときの変化(イメージ図)(文献 31) より作図)

1.2.9 結 晶 化

油脂，あるいはフレーバー成分などを含有する油脂を過冷却状態にすると短時間のうちに核が生じ，成長する．この結晶には不安定な結晶多形が多いので，より安定な結晶多形になるように再結晶化が起こり，準安定な状態となる．この状態で維持されれば商品として問題はないが，流通や保存中に相分離や結晶の粗大化が起こる場合があり，品質を低下させる[32]（図 1.11）．

高融点トリグリセリドは脂肪球の外側に結晶を形成する．このため，脂肪球は破壊されやすくなり，脂肪球内部の液状油脂はホエイ中に流出し，流出した液状油脂は破壊されていない脂肪球に付着する．このような油脂の結晶化挙動は油脂製品，特にクリーム製品の製造において十分に留意しなければならない．

乳脂肪の結晶には α，β'，および β 型の結晶形がある．α 型は密度

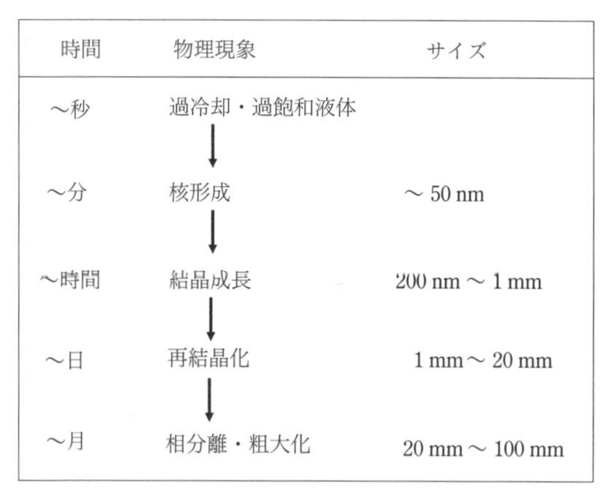

図 1.11 脂質結晶の形成過程（文献 32) より）

が低く，β 型は密度が高い．β' 型はその中間である．密度が異なることで，融点や結晶の大きさが変わる．実際の乳脂肪中では様々な結晶形が混在している．急冷すると，緩慢冷却に比べて結晶が増える．長鎖飽和脂肪酸を含む脂肪は密になり，融点が高い[33)]．

1.2.10 脂質の自動酸化

油脂は常温では酸素の存在により酸化されるが，その活性化エネルギーは低く，容易に酸化反応が進行する．図 1.12 に脂質の自動酸化反応を示す[34)]．リノール酸より炭素鎖の長い高度不飽和脂肪酸に存在する二重結合に挟まれた活性メチレン基（$-CH_2$）の水素が取れると，脂質ラジカル（L・）となる．ここに酸素が付くと脂質ペルオキシラジカル（LOO・）となり，過酸化脂質（LOOH）が生成する．

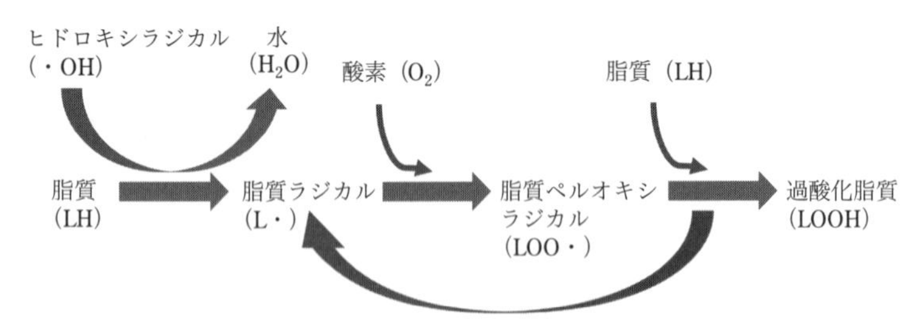

図 1.12　脂質の自動酸化反応

自動酸化の開始にはヒドロキシラジカル（・OH），アルコキシラジカル（LO・），ヒドロペルオキシラジカル（・OOH），鉄酸素錯体など様々な活性酸素が関与する．これらラジカルは，リノール酸より炭素鎖の長い高度不飽和脂肪酸中の二重結合に挟まれたメチレン基の水素を引き抜き，連鎖的な自動酸化が開始される（文献 34）より作図）．

自動酸化の酸化速度には様々な因子が影響する．二重結合の数が多いと酸化速度は早く，不飽和度（二重結合の数）が低いと安定になる．また，金属イオン（Fe, Cu, Co, Mn）などが少量でも存在するとそれらが触媒となって，酸化誘導時間を短縮し，酸化速度を上げる．

温度は酸化速度に影響し，温度が上昇すると酸化速度も上がる．光も大きな影響を及ぼし，店舗にて光照射時間が長い場合にはショーケース内で酸化劣化が進むので十分注意すべきである．また，脂質が酸化すると異風味や着色の原因となり，商品の品質を著しく低下させる．

1.3 糖　　質

1.3.1 乳糖（ラクトース：lactose, Lac）

乳糖は乳の主要炭水化物であり，乳にのみ存在する．牛乳中の濃度は 4.5 ～ 5%（表 1.1）であり，人乳中では泌乳期によって変化するが概ね 5.2 ～ 6.5%である（表 1.4）．

乳糖は図 1.13 に示すように，グルコース（Glc）とガラクトース（Gal）が β 1–4 結合した二糖である[35]．図 1.13 の構造のうち，丸で囲った部分が還元末端であり，α型およびβ型の異性体（アノマー：anomer）が存在する[35]．

乳糖はグルコースとガラクトースがガラクトシルトランスフェラーゼ（galactosyltransferase）の触媒作用によって合成されるが

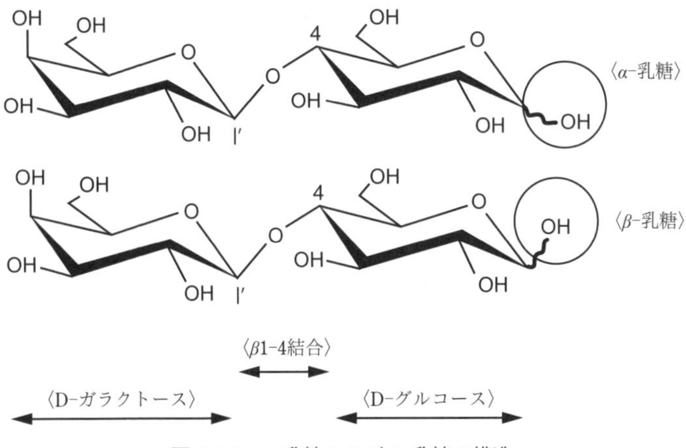

図 1.13　α–乳糖および β–乳糖の構造
○で囲んだ水酸基が還元末端（文献 35)）．

(図 1.14), ガラクトシルトランスフェラーゼのみでは乳糖の合成速度は著しく低く, 乳糖はほとんど生成されない. ガラクトシルトランスフェラーゼの作用を促進させる働きをするのが, ホエイたんぱく質の1つである α-ラクトアルブミン (α-lactalbumin : α-La) (図 1.1) である. α-La はリゾチーム (lysozyme) から進化したたんぱく質と考えられている[36]. リゾチームは α-La とよく似た立体構造を持ち, 細菌の細胞壁を構成する多糖類を加水分解する酵素である. 抗菌物質として利用されているが, α-La には抗菌作用はない.

乳糖は還元末端を持っており (図 1.13), 加熱するとメイラード反応により褐変する. これについては後述する. 乳糖は甘味度が低く, スクロース 1%溶液の甘味度を 1 とすれば, 0.16 の甘味しかない.

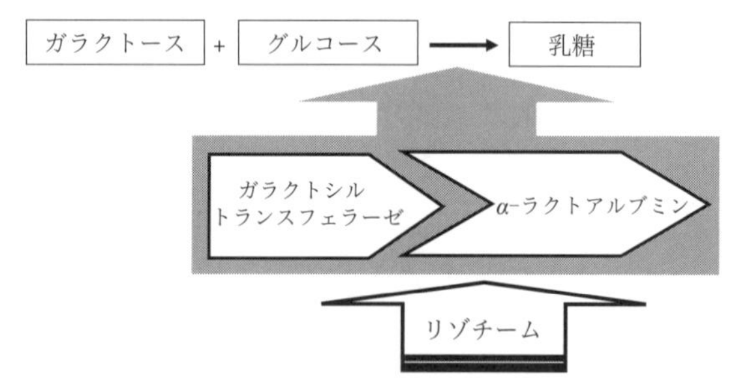

図 1.14 乳糖の生合成

ガラクトースとグルコースはガラクトシルトランスフェラーゼの作用により結合する. しかし, ガラクトシルトランスフェラーゼのみの場合, 反応速度が著しく遅く, 実質的に乳糖は生成しない. α-ラクトアルブミンが存在すると, ガラクトシルトランスフェラーゼによる乳糖合成速度が飛躍的に高まる. このα-ラクトアルブミンはリゾチームが進化したものと考えられている.

1.3.2 乳中の微量糖質

乳糖以外の糖質としては，グルコース，ガラクトース，N-アセチルグルコサミン（N-acetylglucosamine：GlcAc），β-2-デオキシ-D-リボース（β-2-deoxy-D-ribose），ミオイノシトール（*myo*-inositol），フコース（fucose），シアル酸（sialic acid）などが存在する（図 1.15）．シアル酸はカルボキシル基（COOH）を持つため，中性付近ではマイナスに帯電している．シアル酸には N-アセチルノイラミン酸（N-acetylneuraminic acid：NeuAc）および N-グリコリルノイラミン酸（N-glycolylneuraminic acid：NeuGc）がある．牛乳中では NeuAc が多く，ヒツジ乳では NeuGc が多い．一方，人乳中では NeuAc のみであり，NeuGc は存在しない．フコース，マンノース，GalNAc およびシアル酸はほとんどの場合，たんぱく質，脂質，あるいは乳糖などに結合した形で存在している[35]．

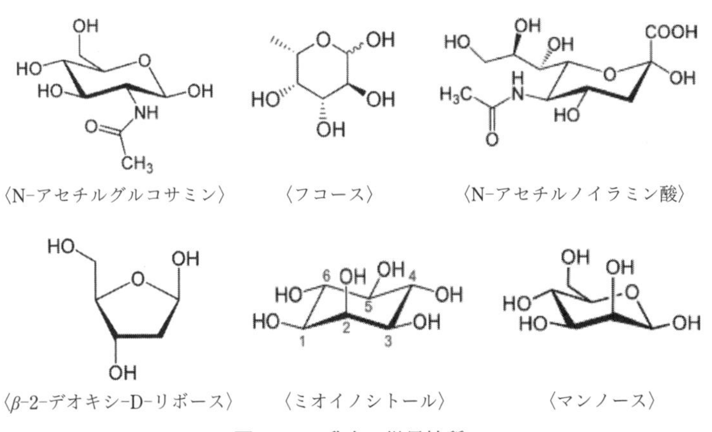

図 1.15　乳中の微量糖質

1.3.3 オリゴ糖

単糖が3個以上結合した糖をオリゴ糖という．分析機器の発達に伴い，近年様々なオリゴ糖が発見され，その構造も解析されている．図1.16には牛乳初乳中に含まれる中性オリゴ糖を，図1.17には酸性オリゴ糖を示す[37)]．

牛初乳には1g/L以上のオリゴ糖が含まれるが，分娩後48時間

GalNAc(β1→4)GlcNac
GalNAc(β1→4)Glc
Gal(β1→4)GlcNac
Fuc(α1→2)Gal(β1→4)Glc
GalNAc(α1→3)Gal(β1→4)Glc
GalNAc(β1→3)Gal(β1→4)Glc
Gal(β1→6)Gal(β1→4)Glc ┐
Gal(α1→3)Gal(β1→4)Glc │
Gal(β1→3)Gal(β1→4)Glc ├ ガラクトシルラクトース：GL
Gal(β1→4)Gal(β1→4)Glc ┘
Fuc(α1→2)Gal(β1→4)Glc
　　　　|
GalNAC(α1→3)
Gal(β1→4)GlcNAc(β1→3)Gal(β1→4)Glc
Gal(β1→4)GlcNAc(β1→6)
　　　　　　　　　　　＞Gal(β1→4)Glc
　　　　　GalNAC(β1→3)
Gal(β1→4)GlcNAc(β1→6)
　　　　　　　　　　　＞Gal(β1→4)Glc
　　　　　　　Gal(β1→3)
Gal(β1→4)GlcNAc(β1→6)
　　　　　　　　　　　＞Gal(β1→4)Glc
Gal(β1→4)GalNAC(β1→3)

Gal：ガラクトース
GalNAc：Nアセチルガラクトサミン
GlcNAc：Nアセチルグルコサミン
Glc：グルコース
Fuc：フコース

図1.16 牛乳中の中性オリゴ糖（文献37)）

Neu5Ac(α2→3)Gal(β1→4)GlcNAc((β1→3)Gal(β1→4)Glc
Neu5Ac(α2→6)Gal(β1→4)GlcNAc((β1→3)Gal(β1→4) Glc
Neu5Ac(α2→3)Gal(β1→4)GlcNAc(β1→6) ＼
　　　　　　　　　　　　　　Gal(β1→4)Glc
GlcNAc(β1→3) ／
Neu5Ac(α2→3)Gal(β1→4)GlcNAc(β1→6) ＼
　　　　　　　　　　　　　　Gal(β1→4)Glc
Gal(β1→3) ／
Neu5Ac(α2→6)Gal(β1→4)GlcNAc(β1→6) ＼
　　　　　　　　　　　　　　Gal(β1→4)Glc
GlcNAc(β1→3) ／
Neu5Ac(α2→6)Gal(β1→4)GlcNAc(β1→6) ＼
　　　　　　　　　　　　　　Gal(β1→4)Glc
Gal(β1→3) ／
Gal(β1→4)GlcNAc(β1→6) ＼
Neu5Ac(α2→3)　　　　　　　Gal(β1→4)Glc
Gal(β1→4)GlcNAc(β1→3) ／
Gal(β1→4)GlcNAc(β1→6) ＼
Neu5Ac(α2→6)　　　　　　　Gal(β1→4)Glc
Gal(β1→4)GlcNAc(β1→3) ／
Neu5Ac(α2→6)GalNAc(β1→4)GlcNAc
Neu5Ac(α2→3)Gal(β1→4)Glc ┐
　　　　　　　　　　　　├ シアリルラクトース：SL
Neu5Ac(α2→6)Gal(β1→4)Glc ┘
Neu5Gc(α2→3)Gal(β1→4)Glc
Neu5Ac(α2→6)Gal(β1→4)GlcNAc
Neu5Gc(α2→6)Gal(β1→4)GlcNAc
Neu5Gc(α2→6)Gal(β1→4)Glc
Neu5Ac(α2→6)Gal(β1→4)Glc
　　　　　|
GlcNAC(β1→4)
Neu5Ac(α2→3)Gal(β1→4)Gal(β1→4)Glc
Neu5Ac(α2→6)Gal(β1→4)Glc
　　　　　|
Gal(β1→3)
Neu5Ac(α2→8)Neu5Ac(α2→3)Gal(β1→4)Glc
Neu5Gc(α2→8)Neu5Ac(α2→3)Gal(β1→4)Glc
Neu5Ac(α2→8)Neu5Gc(α2→3)Gal(β1→4)Glc
Neu5Ac(α2→8)Neu5Ac(α2→3)Gal(β1→4)GlcNAc

Neu5Ac: N アセチルノイラミン酸
Neu5Gc: N グリコリルノイラミン酸

図 1.17　牛乳中の酸性オリゴ糖（文献 37)）

以内に激減する．一方，人乳では，初乳中には22～24g/L，常乳中でも12～13g/L含まれている．人乳中には，牛乳に含まれない多種類のオリゴ糖が含まれている[37]．

工業的に利用されているオリゴ糖は，ガラクトシルラクトース（galactosyllactose：GL）およびシアリルラクトース（sialyllactose：SL）である．GLは乳糖にガラクトースが付加したGal-Gal-Gicの構造を持つオリゴ糖の総称である．GLには3′-GL，4′-GL，および6′-GLがあり（図1.16），人乳では3′-GLが多く，次いで6′-GLが多い．一方，SLは3′-SLと6′-SLが主なシアル酸である．オリゴ糖は様々な生理機能を有するため（1.3.4参照），栄養機能食品，とりわけ乳児用粉乳に広く利用されている．

GLの調製は，基本的には乳糖に乳糖分解酵素であるβ-ガラクト

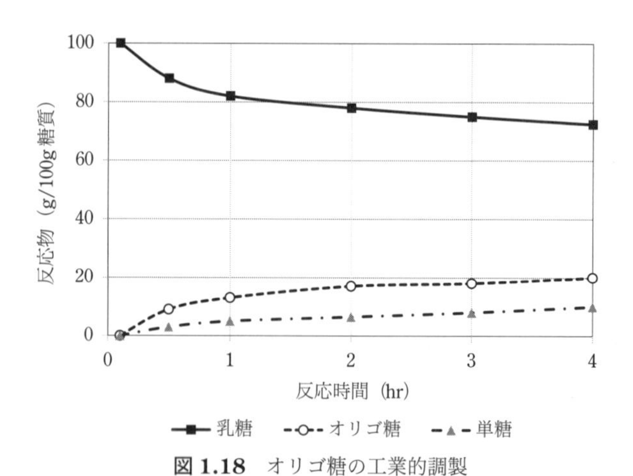

図1.18　オリゴ糖の工業的調製

水300 kgに乳糖200 kgを溶解し，pH 5に調整後40℃にてβ-ガラクトシラーゼを作用（文献38）より作図）．

シダーゼを作用させる．高濃度の乳糖とβ-ガラクトシダーゼを反応させると，乳糖の分解と糖転移反応が同時に起こる．乳糖 200kg からオリゴ糖 20 kg を得ることができる[38]（図 1.18）．

人乳オリゴ糖については Urashima *et al.* の成書[39]を，各種動物乳のオリゴ糖については Urashima *et al.* の総説[40]があるので参照されたい．

表 1.14　乳オリゴ糖の主な生理機能

オリゴ糖	生理機能
GL	①　唾液中のα-アミラーゼや通常の腸内細菌による分解を受けず大腸に到達し，大腸のビフィズス菌に利用される．ビフィズス菌を増殖させ，腸内菌叢を改善する．このため，プレバイオティクス（prebiotics）として働く．腸内菌叢が改善されることで，有害な細菌（クロストリディウムやエンテロコッカス）や有害な化学物質（アンモニア，アミン，フェノールなど）を低減する． ②　ビフィズス菌が増え，便性を向上し，便通を改善する． ③　腸内菌叢が改善されることで病原菌などの感染を防御したり，ミネラルの吸収を促進し，血清脂質を改善する． ④　ビフィズス菌などに利用され，酪酸など短鎖脂肪酸を生成する．酪酸は大腸炎に対する予防効果を示すと報告されている． ⑤　アレルゲンを摂取すると血中 IgE が増え，ヒスタミンなど炎症物質を放出する．オリゴ糖を乳児に投与すると血中 IgE が低下したことから，アレルギーを低減させると考えられている．
SL	①　病原菌やウィルスが SL のシアル酸に結合するため，感染を抑制する．すなわち，おとり（decoy）となる． ②　脳や神経ではシアル酸を持つ糖脂質であるガングリオシド（1.2.5 参照）が重要な働きをしている．SL やシアル酸結合糖たんぱく質はシアル酸の主要な供給源となる．脳が発達中のラットに繰り返しシアル酸を投与すると，脳中のガングリオシドが増加したという報告がある．その結果，認知能力が上がると考えられるが，ヒトでも同様の効果があるかは不明．

文献 41-43)．

1.3.4　オリゴ糖の生理機能

オリゴ糖は小腸の細菌に利用されずに大腸に到達し，ビフィズス菌を増殖させる．このためプレバイオティクス（prebiotics）として知られ，様々な健康保健効果が報告されている．表1.14には主要な機能を示す[41-43]．便通改善を訴求する多くの特定保健用食品に使われているほか，乳児用調製粉乳にも配合されている．最近ではオリゴ糖の免疫調節機能などについても研究が進められており，特に炎症性腸疾患（inflammatory bowel disease：IBD）の抑制にも有効と考えられている．

1.3.5　乳糖の溶解度と結晶化

乳糖にはα型とβ型があり（図1.13），α型は1水和物，β型は無水物である．通常の乳糖はα型であるが，水に溶かすと変旋光（mutarotation）が起こり，αはβに，βはαに変化する．α型が37.2%，β型が62.7%となったとき両者は平衡となり，変旋光は停止する．図1.19にα-乳糖およびβ-乳糖の溶解度と温度の関係を示す[44]．α-乳糖の溶解度は，20℃では7g/水100gであるのに対し，β-乳糖のそれは50g/水100gである．しかし，α-乳糖は変旋光を起こしβ型になるので，温度とともにより水に溶けるようになる．一方，β-乳糖は溶解度の温度依存性はα型より小さく，93.5℃以上ではα型の溶解度はβ型を上回る．それ故に，93.5℃以下で結晶するとα-乳糖となり，94℃以上ではβ-乳糖となる．

乳糖溶液は容易には結晶化せず，過飽和状態になりやすい．図1.19で網かけの領域は過飽和状態にあり，乳糖濃度が最終平衡濃度の2.1倍以上では自然に結晶が生成するが，最終平衡濃度の1.6倍

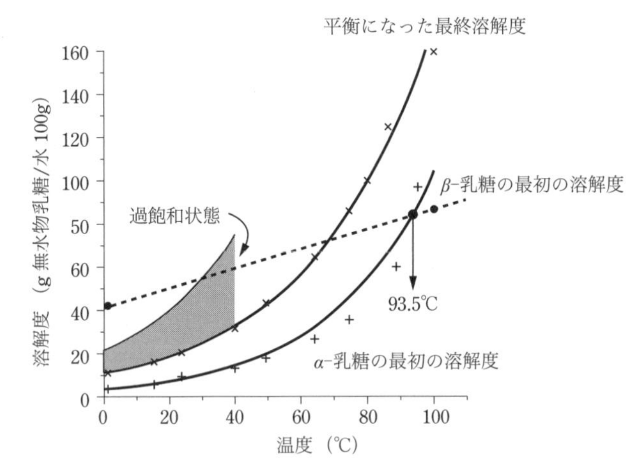

図 1.19　α-乳糖と β-乳糖の溶解度と温度の関係（文献 44) より作図）

程度であれば，乳糖結晶を種として添加することにより乳糖結晶化が起こる[45]．このような乳糖の結晶化挙動は，乳糖製造においてはもちろん，煉乳やアイスクリームの製造においてはしばしば問題となる．乳糖の粗大結晶（概ね 10 μm 以上）が生じると，口中でざらつき（sandy）として感じられる．そこで，粗大結晶を防ぐためにあらかじめ微小な乳糖結晶を添加する必要がある．

1.4　たんぱく質

1.4.1　たんぱく質の基礎[46]

1)　アミノ酸の種類と性質

アミノ酸はたんぱく質の最小構成単位で，NH_2-R-COOH で表される．NH_2 はアミノ基であり塩基性を示す．COOH は酸性でカルボキシル基と呼ばれる．アミノ基と，酸であるカルボキシル基の両方を持つことから，アミノ酸（amino acid）という．R は様々な構造をまとめて表記しており，炭素（C），水素（H）などを含む．

乳たんぱく質を構成するアミノ酸は約 20 種類ある（表 1.15）．アミノ酸はアミノ基とカルボキシル基をそれぞれ 1 個持つほか，R にもう 1 個 COOH を持つもの（アスパラギン酸，グルタミン酸），アミノ基を持つもの（リジン，アルギニン，ヒスチジン），水酸基（OH）を持つもの（セリン，スレオニン），SH 基を持つもの（シ

表 1.15 アミノ酸の性質

アミノ酸	記号	性質	pKa
アスパラギン酸	Asp	酸性，親水的	2.8
アスパラギン	Asn	中性	5.4
グルタミン酸	Glu	酸性，親水的	3.2
グルタミン	Gln	中性	5.6
セリン	Ser	中性, 親水的, リン酸化されている場合がある（SerP）	5.7
スレオニン	Thr	中性，親水的，κ-CN では一部糖鎖が結合	6.2
グリシン	Gly	中性	6.0
プロリン	Pro	中性，厳密にはアミノ酸ではなくイミノ酸	6.3
アラニン	Ala	中性	6.0
メチオニン	Met	中性，イオウ（S）含有	5.7
システイン	Cys	弱酸性，SH 基	5.0
ロイシン	Leu	中性	6.0
イソロイシン	Ile	中性 } 分岐鎖アミノ酸 (BCAA)	6.1
バリン	Val	中性	6.0
リジン	Lys	塩基性，親水的	9.8
アルギニン	Arg	塩基性，親水的	10.8
ヒスチジン	His	塩基性，親水的	7.6
チロシン	Tyr	疎水的	5.7
フェニルアラニン	Phe	疎水的	5.5
トリプトファン	Trp	疎水的	5.9

ステイン），Rの中にイオウ（S）を含むもの（メチオニン），Rが油のような性質を示すもの（チロシン，フェニルアラニン，トリプトファン）があり，その他のアミノ酸は中性である．

中性を示すアミノ酸のうち，アスパラギンとグルタミンは，アスパラギン酸とグルタミン酸のRに含まれるCOOHが$CONH_2$となっている．イソロイシン，ロイシン，およびバリンのRには炭素と水素からなる炭化水素がY字のように分岐した構造をしており，それ故にこれらを分岐鎖アミノ酸（branched chain amino acid：BCAA）とも呼ぶ．

さらに，セリンとスレオニンの中にはOH基にリン（P），あるいは糖鎖が結合している場合がある．カゼインでは一部のセリンにリンが結合（SerP）している．κ-カゼイン（κ-CN）のスレオニンの一部には糖鎖が結合している．

アミノ酸R1とアミノ酸R2が結合する場合，カルボキシル基（COOH）のOHとアミノ基（NH_2）のHが水となり外れることで，アミノ酸の結合（ペプチド結合）が起きる（図1.20）．アミノ酸がペプチド結合により多数結合したものをポリペプチド（polypeptide）と呼ぶ（図1.21）．一方，ペプチドを高温で長時間加熱したとき，あるいはたんぱく質分解酵素を作用すると，より小さいペプチドやアミノ酸に分解される．図1.22に示すように，ペプチドの生成とは逆に，水が加わることで分解される．このため，「加水分解」と呼ばれる．

アミノ酸のRに含まれるCOOH基，NH_2基，OH基などを側鎖という．たんぱく質表面の物理的・化学的な性質は，主としてこれら側鎖の種類，数，配置などで決まる．アミノ酸の電荷はpHに依

$_2$HN–R$_1$–CO–OH + H–NH–R$_2$–COOH → $_2$HN–R$_1$–CONH–R$_2$–COOH
H$_2$O

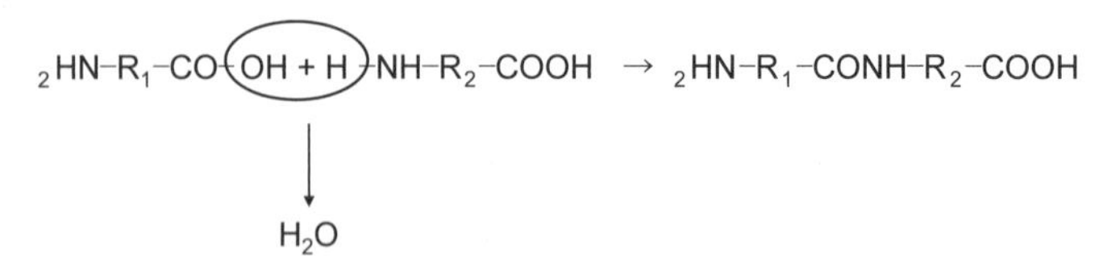

図 1.20 ペプチド結合

アミノ酸 R1 とアミノ酸 R2 から水が取れてププチドが生成する.

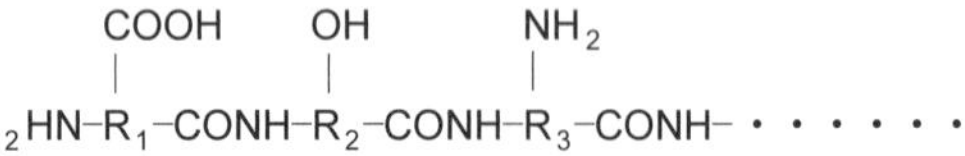

COOH
OH
NH$_2$
$_2$HN–R$_1$–CONH–R$_2$–CONH–R$_3$–CONH– ・・・・・・

図 1.21 ポリペプチド

R_1, R_2, R_3 などに結合しているカルボキシル基（COOH），水酸基（OH），アミノ基（NH_2）を側鎖と呼ぶ.

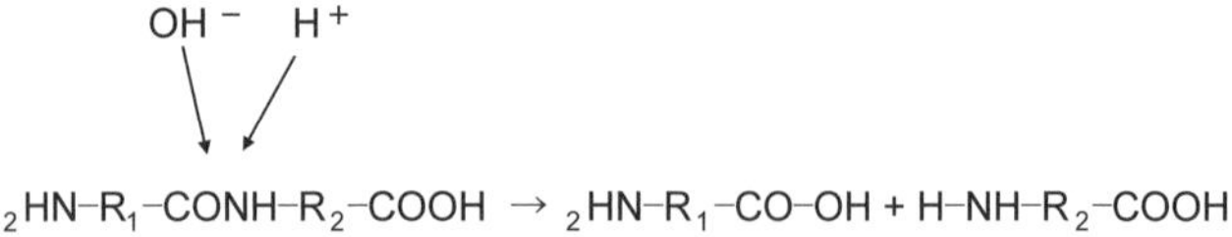

OH$^-$
H$^+$
$_2$HN–R$_1$–CONH–R$_2$–COOH → $_2$HN–R$_1$–CO–OH + H–NH–R$_2$–COOH

図 1.22 ペプチドの加水分解

水が付加されペプチドがアミノ酸に分解するので，「加水分解」という.

存し，側鎖にカルボキシル基を持つアスパルギン酸やグルタミン酸は，中性ではマイナス電荷，酸性では電荷を失う．逆に，側鎖にアミノ基を持つ場合には，中性ではプラス電荷または電荷を持たないが，酸性ではプラス電荷を持つ（図 1.23）．各アミノ酸のマイナス電荷とプラス電荷が等しくなる pH を pKa で表す（表 1.15）．一方，たんぱく質は多数のアミノ酸からなり，これらの電荷状態がたんぱく質の構造や機能に重要な働きをする．たんぱく質の負電荷の総数と正電荷の総数が等しくなる pH を等電点（isoelectric point）という．等電点において，たんぱく質は電荷を持たないので水中での安定性は低下する．たんぱく質の中には等電点で沈殿するものもある．

2) たんぱく質の構造と相互作用

たんぱく質はアミノ酸が多数つながり（1次構造），アミノ酸の側鎖の物理化学的な性質により折りたたまれ，まとまった構造を形成する．このようにまとまった構造を，高次構造という（表1.16）．一般的には球状であるが，筋肉など繊維状の構造を形成するものもある．

高次構造の形成には様々な相互作用が関与している（表1.17）．これらの相互作用はpH，温度，加えられた剪断応力，薬剤など

表1.16 たんぱく質の高次構造

構造	特徴
1次構造	アミノ酸がペプチド結合でつながった構造．
2次構造	アミノ酸の側鎖の物理化学的特性により側鎖どうしが相互作用し，主として水素結合で折りたたまれた構造．様々な折りたたまれ方があるが，代表的なものとして螺旋状になるヘリックス構造やシート状に折りたたまれるシート構造などがある．
3次構造	2次構造により折りたたまれると，1次構造では離れたアミノ酸が近接し，新たな相互作用が生じて形成される構造．静電的相互作用，疎水性相互作用，S–S結合などが関与する．
4次構造	3次構造を持つたんぱく質どうしが会合し，多量体を形成したもの．3次構造のみでたんぱく質としての機能を示す場合が多いが，4次構造を形成して機能を発現する場合もある．
ランダムコイル	2次構造や3次構造などの規則的な構造がない．水中ではポリペプチドが不規則にまとまっている．

表 1.17 たんぱく質の構造形成や反応に関与する相互作用

相互作用	特徴	補足
イオン結合	たんぱく質側鎖の電荷（プラス/マイナス）とイオン(マイナス/プラス）が引き合う場合．たんぱく質の特定の構造に金属イオンが結合する場合(キレート結合).	キレート結合は強く安定だが，側鎖の電荷とイオンとの結合は弱い．温度が高くなるとイオン結合は低下する．
静電的相互作用	側鎖の電荷や電気的な性質により引き合ったり，反発しあったりする．	静電的相互作用は距離の 2 乗に反比例し，pH に応じた側鎖の電荷に依存する．たんぱく質の構造維持に重要．高温では強くなる．
水素結合	側鎖の OH 基と N，OH 基と O，NH 基と N，NH 基と O などにおいて H^+を共有することで結合する．	たんぱく質の 2 次構造形成に関与．高温では働かない．加熱変性は水素結合が切断され，たんぱく質の 2 次構造が保てなくなる現象．
疎水性相互作用	疎水性（油のような性質）の側鎖どうしが，水を排除し引き合う．	たんぱく質の 3 次構造や凝集に関与．低温では働かない．たんぱく質を加熱すると水素結合が働かなくなり，疎水性相互作用が働き，凝集の原因となる場合がある．
ジスルフィド結合(S–S 結合)	HS + SH ⇆ S–S Cys の SH が他の Cys の SH と反応し S–S 結合する．	温度が高いと S–S 結合を生じやすい．分子内で S–S 結合が架橋すると安定な分子構造になる．分子間で S–S 結合が生成するとたんぱく質が会合し，凝集・凝固する場合がある．ゆで卵は典型的な S–S 結合によるたんぱく質の凝固例である．

様々な要因の影響を受ける．pH が酸性になればアミノ酸の電荷が変化し（図 1.23)，静電的相互作用が変わる．温度の影響も大きく，乳製品の加工に伴う乳たんぱく質の構造や性質に関係してくる．

相互作用が温度によりどう影響されるかを理解するには，反応に

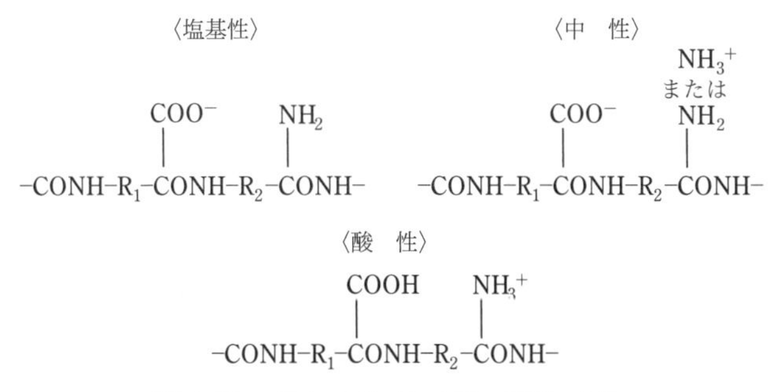

図 1.23 pH によるアミノ酸の電荷の変化

伴うギブスの自由エネルギー（Gibbs free energy）を考慮するとよい．ギブスの自由エネルギー G は，化学反応が自発的に進行するかどうかの指標であり，

$$G = H - TS \tag{1-5}$$

で表される．ここで，H はエンタルピー（enthalpy）であり，化学反応が吸熱か発熱かの指標である．S はエントロピー（entropy）で，状態を表す概念である．T は絶対温度である．

式（1-5）を微分すると，

$$dG = dH - TdS - SdT \tag{1-6}$$

となるが，温度が一定であれば，SdT = 0 であり，熱力学の第一法則から，dH = dq （q：外から吸収した熱）なので，

$$dG = dH - TdS = dq - TdS \tag{1-7}$$

となる．

表 1.18 自由エネルギーと化学反応の進行

△H	△S	△G = △H − T△S
−	+	△G は常に負．自発的に進行
−	−	T < △H/△S なら△G は負で自発的に進行．温度がこれ以上では進まない
+	+	T > △H/△S なら △G は負で自発的に進行．温度がこれ以下では進まない
+	−	△G は常に正．自発的には進行しない

△G ≦ 0 なら反応は自発的に進行，△G > 0 では進行しない．

熱力学の第二法則から，自発的反応では TdS ≧ dq であるから，式（1-7）より dG ≦ 0 となる．

すなわち，dG ≦ 0 ならば反応は自発的に進行し，dG > 0 であれば自発的には進行しない．

また，dq = dH であるから，dG の正負は TdS と dH の大小関係に依る．表 1.18 には，自由エネルギーと化学反応の進行方向の関係を示す．疎水性相互作用では △H > 0，△S > 0 であり，T > △H/△S であれば自発的に進行するが，温度が △H/△S 未満では進行しない．したがって，低温では疎水性相互作用は働かない．一方，水素結合は逆に温度が △H/△S 以上になると働かず，高温では水素結合が切断されて 2 次構造が壊れ，変性する．

1.4.2 乳たんぱく質 [47)]

乳たんぱく質の組成は動物の種類により異なる．表 1.19 にはカゼイン，β-Lg，および α-La の組成を示す[9,48-50)]．ヤギ乳のカゼイン組成は個体や品種により大きく異なり，α_{S1}-CN を持たないヤギもいる．このようなヤギ乳から作ったチーズは特有のテクスチャーを

表 1.19　ヒトが利用している動物乳のたんぱく質組成（g/100g）

	ウシ	ヤギ	ウマ	ラクダ	ヒツジ	水牛	ヒト
α_{S1}–CN	1.07	0–0.28	0.25	0.48–0.84	2.2	1.44–1.80	0.08
α_{S2}–CN	0.28	0.10–0.25	0.02	0.21–0.36		0.22–0.28	n.d.
β–CN	0.86	0–0.64	1.1	1.43–2.47	1.7	1.26–1.58	0.21 以上
κ–CN	0.31	0.15–0.29	0.025	0.08–0.13	0.4	0.43–0.54	0.04 未満
α–La	0.12	0.18–0.33	0.33	0.8–4.5	0.1–0.2	0.14	0.26
β–Lg	0.32	0.39–0.72	0.3	n.d.	0.65–0.85	0.39	n.d.

文献 9, 48–50)　n.d.：not detected（検出されず）.

表 1.20　ケルダール法による乳たんぱく質の窒素換算係数

たんぱく質	N 換算係数 糖鎖なし	N 換算係数 糖鎖あり
α_{S1}–CN	6.36	
α_{S2}–CN	6.29	
β–CN	6.37	
κ–CN	6.12	6.35
β–LG	6.29	
α–LA	6.25	
BSA	6.07	
IgG	6.00	6.20
LF	5.72	6.14
MFGM	6.60	7.08
牛乳	6.32	6.36
酸カゼイン	6.33	6.36
パラカゼイン	6.31	
酸ホエイ	6.26	6.28
チーズホエイ	6.28	6.41

文献 51).

持つ．ヒト乳には α_S–CN は存在しないと報告されていたが，少量の α_{S1}–CN が存在する．しかし，α_{S2}–CN に関しては検出されていない．また，主要なホエイたんぱく質であるβ-Lgを含まない．ラクダもまたβ-Lgを含まないが，カゼイン組成はヒトとは大きく異なる．ウマ乳の一般成分（表1.6）はヒト乳のそれと似ているが（表1.4），たんぱく質組成は異なる．

乳たんぱく質をケルダール法で定量する場合に使用する窒素換算係数を，表1.20に示す[51]．たんぱく質により換算係数は異なるが，牛乳・乳製品のたんぱく質含量を測定する場合には6.38を使う．ただし，育児用調製粉乳のたんぱく質含量に限っては6.25を使う[52]．

1.4.3 カゼイン

1） カゼインの1次構造と高次構造

牛乳中の主要たんぱく質はカゼイン（CN）であり，α_{S1}-，α_{S2}-，β-，およびκ-CNの4種類が知られている（図1.1）．α_{S1}-CNには8種類の遺伝変異体，すなわちA, B, C, D, E, F, G, およびHがあり，一部のアミノ酸が異なる．図1.24にB変異体であるα_{S1}-CN Bのアミノ酸配列（1次構造）を示す[53]．SerPを8個持ち，66番目から3個連続してSerPが並んでおり，Cysを含まない．分子量は約23,500である．α_{S2}-CNにはA, B, C, Dの4種類の変異体があり，α_{S2}-CN Aの一次構造を図1.25に示す[53]．SerPが12個あり，Cysを含むことが特徴である．分子量は約25,000である．

β-CNには12個の変異体（A1, A2, A3, B, C, D, E, F, G, H1, H2, I）があり，分子量は約24,000である．図1.26にβ-CN A2の一次構造を示す[53]．67番目はProであるが，Hisに置き換わった変異体がβ-CN A1である．β-CN A1が消化酵素により分解されると^{60}Tyr-Pro

1 / 11 / 21
Arg-Pro-Lys-His-Pro-Ile-Lys-His-Gln-Gly-Leu-Pro-Gln-Glu-Val-Leu-Asn-Glu-Asn-Leu-Leu-Arg-Phe-Phe-Val-Ala-Pro-Phe-Pro-Glu-

31 / 41 / 51
Val-Phe-Gly-Lys-Glu-Lys-Val-Asn-Glu-Leu-Ser-Lys-Asp-Ile-Gly-SerP-Glu-SerP-Thr-Glu-Asp-Gln-Ala-Met-Glu-Asp-Ile-Lys-Gln-Met-

61 / 71 / 81
Glu-Ala-Glu-SerP-Ile-SerP-SerP-SerP-Glu-Glu-Ile-Val-Pro-Asn-SerP-Val-Glu-Gln-Lys-His-Ile-Gln-Lys-Glu-Asp-Val-Pro-Ser-Glu-Arg-

91 / 101 / 111
Tyr-Leu-Gly-Tyr-Leu-Glu-Gln-Leu-Leu-Arg-Leu-Lys-Lys-Tyr-Lys-Val-Pro-Gln-Leu-Glu-Ile-Val-Pro-Asn-SerP-Ala-Glu-Glu-Arg-Leu-

121 / 131 / 141
His-Ser-Met-Lys-Glu-Gly-Ile-His-Ala-Gln-Gln-Lys-Glu-Pro-Met-Ile-Gly-Val-Asn-Gln-Glu-Leu-Ala-Tyr-Phe-Tyr-Pro-Glu-Leu-Phe-

151 / 161 / 171
Arg-Gln-Phe-Tyr-Gln-Leu-Asp-Ala-Tyr-Pro-Ser-Gly-Ala-Trp-Tyr-Tyr-Val-Pro-Leu-Gly-Thr-Gln-Tyr-Thr-Asp-Ala-Pro-Ser-Phe-Ser-

181 / 191 / 199
Asp-Ile-Pro-Asn-Pro-Ile-Gly-Ser-Glu-Asn-Ser-Glu-Lys-Thr-Thr-Met-Pro-Leu-Trp

図 1.24　ウシ α_{S1}–CN B のアミノ酸配列
SerP：リン酸化されたセリン（文献 53) より）.

1 11 21
Lys-Asn-Thr-Met-Glu-His-Val-SerP-SerP-SerP-Glu-Glu-Ser-Ile-Ile-SerP-Gln-Glu-Thr-Tyr-Lys-Gln-Glu-Lys-Asn-Met-Ala-Ile-Asn-Pro

31 41 51
SerP-Lys-Glu-Asn-Leu-Cys-Ser-Thr-Phe-Cys-Lys-Glu-Val-Val-Arg-Asn-Ala-Asn-Glu-Glu-Glu-Thr-Ser-Ile-Gly-SerP-SerP-SerP-Glu-Glu-

61 71 81
SerP-Ala-Glu-Val-Ala-Thr-Glu-Glu-Val-Lys-Ile-Thr-Val-Asp-Asp-Lys-His-Thr-Gln-Lys-Ala-Leu-Asn-Glu-Ile-Asn-Gln-Phe-Thr-Gln-

91 101 111
Lys-Phe-Pro-Gln-Tyr-Leu-Gln-Tyr-Leu-Tyr-Gln-Gly-Pro-Ile-Val-Leu-Asn-Pro-Trp-Asp-Gln-Val-Lys-Arg-Asn-Ala-Val-Pro-Ile-Thr-

121 131 141
Pro-Thr-Leu-Asn-Arg-Glu-Gln-Leu-SerP-Thr-SerP-Glu-Glu-Asn-Ser-Lys-Lys-Thr-Val-Asp-Met-Glu-SerP-Thr-Glu-Val-Phe-Thr-Lys-Lys-

151 161 171
Thr-Lys-Leu-Thr-Glu-Glu-Glu-Lys-Asn-Arg-Leu-Asn-Phe-Leu-Lys-Lys-Ile-Ser-Gln-Arg-Tyr-Gln-Lys-Phe-Ala-Leu-Pro-Gln-Tyr-Leu-

181 191 201 207
Lys-Thr-Val-Tyr-Gln-His-Gln-Lys-Ala-Met-Lys-Pro-Trp-Ile-Gln-Pro-Lys-Thr-Lys-Val-Ile-Pro-Tyr-Val-Arg-Tyr-Leu

図 1.25 ウシ α_{S2}-CN A のアミノ酸配列
SerP：リン酸化されたセリン（文献 53) より）.

1　　　　　　　　　　　　11　　　　　　　　　　　　21
Arg-Glu-Leu-Glu-Glu-Leu-Asn-Val-Pro-Gly-Glu-Ile-Val-Glu-SerP-Leu-SerP-SerP-SerP-Glu-Glu-Ser-Ile-Thr-Arg-Ile-Asn-Lys-Lys-Ile-

31　　　　　　　　　　　　41　　　　　　　　　　　　51
Glu-Lys-Phe-Gln-SerP-Glu-Glu-Gln-Gln-Gln-Thr-Dlu-Asp-Glu-Leu-Gln-Asp-Lys-Ile-His-Pro-Phe-Ala-Gln-Thr-Gln-Ser-Leu-Val-Tyr-

61　　　　　　　　　　　　71　　　　　　　　　　　　81
Pro-Phe-Pro-Gly-Pro-Ile-Pro-Asn-Ser-Leu-Pro-Gln-Asn-Ile-Pro-Pro-Leu-Thr-Gln-Thr-Pro-Val-Val-Val-Pro-Pro-Phe-Leu-Gln-Pro

91　　　　　　　　　　　　101　　　　　　　　　　　111
Glu-Val-Met-Gly-Val-Ser-Lys-Val-Lys-Glu-Ala-Met-Ala-Pro-Lys-His-Lys-Glu-Met-Pro-Phe-Pro-Lys-Thr-Pro-Val-Glu-Pro-Phe-Thr-

121　　　　　　　　　　　131　　　　　　　　　　　141
Glu-Ser-Gln-Ser-Leu-Thr-Leu-Thr-Asp-Val-Glu-Asn-Leu-His-Leu-Pro-Leu-Pro-Leu-Leu-Gln-Ser-Trp-Met-His-Gln-Pro-His-Gln-Pro-

151　　　　　　　　　　　161　　　　　　　　　　　171
Leu-Pro-Pro-Thr-Val-Met-Phe-Pro-Pro-Gln-Ser-Val-Leu-Ser-Leu-Ser-Gln-Ser-Lys-Val-Leu-Pro-Val-Pro-Gln-Lys-Ala-Val-Pro-Tyr-

181　　　　　　　　　　　191　　　　　　　　　　　201　　　　　　　　　　　209
Pro-Gln-Arg-Asp-Met-Pro-Ile-Gln-Ala-Phe-Leu-Leu-Tyr-Gln-Glu-Pro-Val-Leu-Gly-Pro-Val-Arg-Gly-Pro-Phe-Pro-Ile-Ile-Val

図 1.26　ウシ β-CN A 2 のアミノ酸配列
SerP：リン酸化されたセリン（文献 53) より）.

-Phe-Pro-Gly-Pro-[66]Ileのペプチドが生成する．これをβカソモルフィン7（β-casomorphin-7：BCM7）と呼び，生理活性ペプチドの一種である．BCM7はI型糖尿病のリスクを高めるとの考えがある．このため，海外ではβ-CN A1含量の低い牛乳が「A2ミルク」と称して販売されている．しかし，欧州食品安全機関（EFSA）は，BCM7とI型糖尿病の関係は科学的根拠が薄弱であると結論している[54]．β-CNはSerPを5個持つが，N末端側に集中している．古い書物にはカゼインの一部としてγ-カゼイン，TS-カゼイン，およびR-カゼインが記載されていたが，これらの名称はβ-CNが牛乳中のたんぱく質分解酵素，プラスミン（plasmin）による分解産物であることが判明し[55,56]，現在では使われていない．

α_{S1}-, α_{S2}-およびβ-CNはカルシウムに対する感受性が高く，3～5 mM程度のカルシウムで沈殿する．

図1.27にはκ-CN Aの一次構造を示す[53]．κ-CNにはA, B, C, E, F1, F2, G1, G2, H, I, Jの遺伝変異体があり，分子量は約19,000である．凝乳酵素のレンネットは105番目のPheと106番目のMetの間を切断し，N末端側をパラκ-CN（para-κ-CN），C末端側をカゼインマクロペプチド（casein macropeptide：CMP），あるいはグリコマクロペプチド（glycomacropeptide：GMP）という．κ-CNはカルシウム存在下でも安定であるが，レンネットによりPhe-Metが分解され，CMPが遊離するとカルシウムに対して不安定になる．この現象がチーズ製造の原理である．κ-CNはSerPを1個，Cysを2個持つ．このCysは，乳を加熱したときにβ-ラクトグロブリンのCysと分子間でS-S結合し（表1.17），加熱した乳の性質に深く関与している．また，一部のThrに糖鎖がついているものもあ

1 11 21
Glu-Glu-Gln-Asn-Gln-Glu-Gln-Pro-Ile-Arg-Cys-Glu-Lys-Asp-Glu-Arg-Phe-Phe-Ser-Asp-Lys-Ile-Ala-Lys-Thr-Ile-Pro-Ile-Gln-Thr-

31 41 51
Val-Leu-Ser-Arg-Tyr-Pro-Ser-Tyr-Gly-Leu-Asn-Tyr-Tyr-Gln-Gln-Lys-Pro-Val-Ala-Leu-Ile-Asn-Asn-Gln-Phe-Leu-Pro-Tyr-Pro-Tyr-

61 71 81
Tyr-Ala-Lys-Pro-Ala-Ala-Val-Arg-Ser-Pro-Ala-Gln-Ile-Leu-Gln-Trp-Gln-Val-Leu-Ser-Asn-Thr-Val-Pro-Ala-Lys-Ser-Cys-Gln-Ala-

91 101 105 106 111
Gln-Pro-Thr-Thr-Met-Ala-Arg-His-Pro-His-Pro-His-Leu-Ser-Phe-Met-Ala-Ile-Pro-Pro-Lys-Lys-Asn-Gln-Asp-Lys-Thr-Glu-Ile-Pro-

121 131 141
Thr-Ile-Asn-Thr-Ile-Ala-Ser-Gly-Glu-Pro-Thr-Ser-Thr-Pro-Thr-The-Glu-Ala-Val-Glu-Ser-Thr-Val-Ala-Thr-Leu-Glu-Asp-SerP-Pro-

151 161 169
Glu-Val-Ile-Glu-Ser-Pro-Pro-Glu-Ile-Asn-Thr-Val-Gln-Val-Thr-Ser-Thr-Ala-Val-

図 1.27 ウシ κ-CN A のアミノ酸配列

SerP：リン酸化されたセリン，糖鎖が結合している可能性がある Thr には下線（文献 53) より）.

る．κ-CN の糖鎖構造を図 1.28 に示す．これら糖鎖が結合している可能性がある部位は，121, 131，133，142，145，165 番目の Thr と考えられているが，これらすべての部位に結合しているとは限らない．また，糖鎖を持たない κ-CN も多い[57]．

カゼインは規則的な 2 次構造を持たず，ランダムコイル構造をしていると記載している書物もあるが，多くの研究論文によれば，牛乳から単離・精製した各カゼインは α-ヘリックスや β-シート構造を持っている[58]（表 1.16 参照）．しかし，分子内 S-S 結合を持たないため，一般的な球状たんぱく質のようなしっかりした構造ではなく，フレキシブルな構造をしており，それ故に加熱しても大きな構造変化はないと考えられる．ただし，単離していない，すなわち，カゼインミセル中のカゼインも規則的な 2 次構造を持っているかは不明である．後述するカゼインミセルのナノクラスターモデルでは，カゼインは規則的な折りたたみ構造を持っていないことを前提にしている．単離・精製された各カゼインは，カルシウムが存在していない生理的条件にて自己会合したり，他のカゼインと相互作用

A：GalNAc

B：Gal-(β1-3)-GalNAc

C：NeuAc-(α2-3)-Gal-(β1-3)-GalNAc

D：Gal-(β1-3)-GalNAc
　　　　　　| (α2-6)
　　　　　NeuAc

E：NeuAc-(α2-3)-Gal-(β1-3)-GalNAc
　　　　　　　　　　　　　　| (α2-6)
　　　　　　　　　　　　　NeuAc

図 1.28　κ-CN に結合している糖鎖（文献 57)）

したりする．自己会合や相互作用はカゼインミセルの構造や生合成を理解するうえで重要であり，正常な乳分泌に関与している．

2）カゼインミセル

大部分のカゼインは直径30〜600 nmのコロイド粒子として存在する（表1.21）．このようなコロイド粒子をカゼインミセル（casein micelle：CM）と呼び，このなかに大量の不溶性リン酸カルシウムを含有する．一部のカゼインはCMに取り込まれず単独で存在し，これを可溶性カゼイン（soluble casein）という．可溶性カゼインはpHや温度などにより変化する．牛乳が白いのは，CMに光が当たると乱反射し，白濁して見えるためである．乳中の脂肪球も乳の白さに影響し，脱脂乳ではやや白色度は下がる．しかし，脱脂乳でも白濁していることから，CMによる光の乱反射が主たる原因である．CMを小粒子に解離させると白濁は消え，リボフラビン（ビタミンB_2）に由来する黄緑色になる．

牛乳には約110mg/100mLのカルシウムと91mg/100mLの無機リンが含まれるが（表1.2），カルシウムの2/3，リンの1/2はCM中にあり，ミセル性リン酸カルシウム（micellar calcium phosphate：MCP）として存在している[59]．MCPはカゼインのSerPと結合し，CMの構造維持に重要な働きをしている．CM以

表1.21　カゼインミセルの物理的特性

直径（nm）	30-600　平均100-200
分子量（kDa）	$2 \times 10^5 - 2 \times 10^7$
含水量（mg/g）	3-7

文献62）．

外にもホエイ中には可溶性のカルシウムが存在し，多くはクエン酸と結合している．可溶性のカルシウムはMCPと平衡関係にあり，リン酸カルシウムは，pHが中性付近ではほとんど水に溶けない．不溶性のリン酸カルシウムは様々な構造をとる．このような不溶性リン酸カルシウムをコロイド状リン酸カルシウム（colloidal calcium phosphate：CCP）という．厳密にはMCPとCCPは異なるが，本書では区別せずにCCPと呼ぶことにする．

仔にとってリン酸カルシウムは骨や歯の形成に必須の成分である．しかし，リン酸カルシウムが水に不溶性であると乳腺が詰まり，仔に乳を与えることができない．水に溶けないリン酸カルシウムをいかにして大量に，かつ安定的に仔に与えるか．これは，哺乳類が存続するための根源的な課題であった．この課題を，CM中にリン酸カルシウムをCCPとして保持することで解決した．したがって，CMは哺乳類が誕生し繁栄していくために最も重要なしくみである．

CMの構造解明には昔から多くの研究者が取り組んできたが，今日に至るまで結論は出ていない．電子顕微鏡観察から得られた画像に関しても，電子顕微鏡の撮影に用いた試料調製方法や撮影方法によって異なる．様々な物理学的，化学的，生物学的研究から得られた構造モデルも多数提案されており[60]，それらのうち有力視されているモデルを図1.29および図1.30に示す．

図1.29はサブミセルモデルと呼ばれ，直径約20nmのカゼイン会合体がCCPを介して集合しているとするモデルである．このカゼイン会合体をサブミセル（submicelle）と呼んでいる．CMの内部にはα_{S1}–，α_{S2}–およびβ–CNに富むサブミセルがあり，CMの外

側にはκ-CNを多く含むサブミセルが分布している[61]．一方，図1.30はナノクラスター（nanocluster）モデルと呼ばれ，サブミセル構造を持たないとする考え方である．すなわち，CCPの粒子（ナノクラスター）がミセルの核となり，CCPはカゼインのSerPに結合し，CCPの周りにカゼイン単量体が結合している．このようなCCP-カゼインが集合してミセルを形成しているというモデルである[62]．どちらのモデルもκ-CNはミセルの外側に分布すると考えて

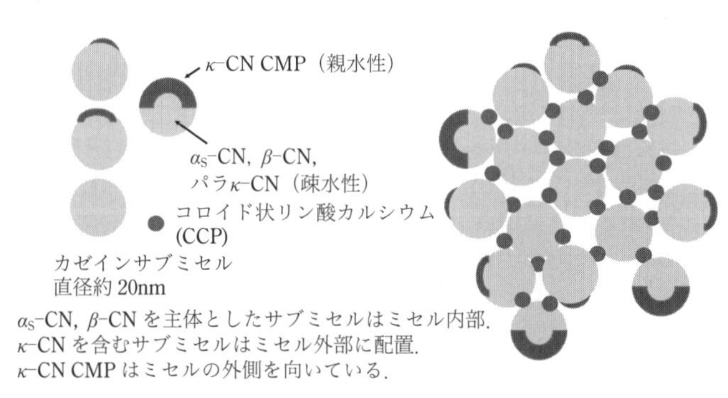

図1.29 サブミセルモデルのイメージ図（文献61）より作図）

このモデルによれば，カゼインミセルはサブミセルを持たない．
ナノクラスターを核として，各カゼインのSer-Pが結合．ミセル最外層にはκ-カゼインの親水性領域（CMP）が突き出している．

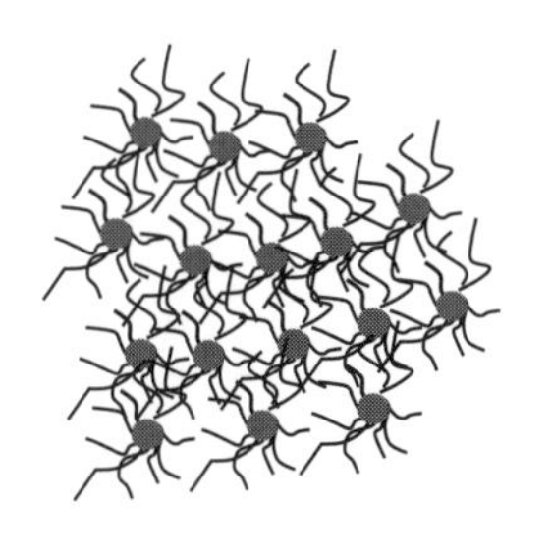

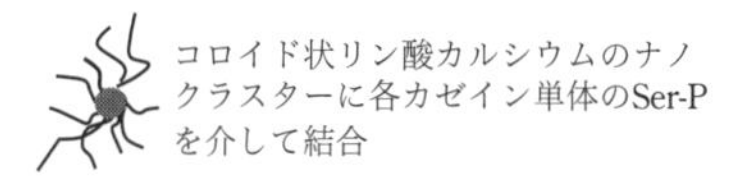

図1.30 ナノクラスターモデルのイメージ図（文献62）より作図）

いる.

これら2通りのモデルのほかにも多数のモデルが提案されているが，どちらかのモデルを改良，発展させたものである．海外ではナノクラスターモデルを支持する研究者が多い.

先に表1.21に示したように，CMの直径は30～600 nm，平均100～200 nmのコロイド粒子である．非常に広い粒径分布をしている理由についてはよくわかっていないが，ミセル中のκ-CN含量と粒径は関係があり，κ-CNが多いミセルほど粒径が小さい．CMの含水量は高く，多孔質で内部に水を含む構造をしていると考えられている.

CMに取り込まれているCCPはpHの低下に伴い，カルシウムとリンが遊離する（図1.31)．pH 5.2付近にてリンはほぼ完全にミセルから遊離し，残存するカルシウムも20％以下になる[63]．すな

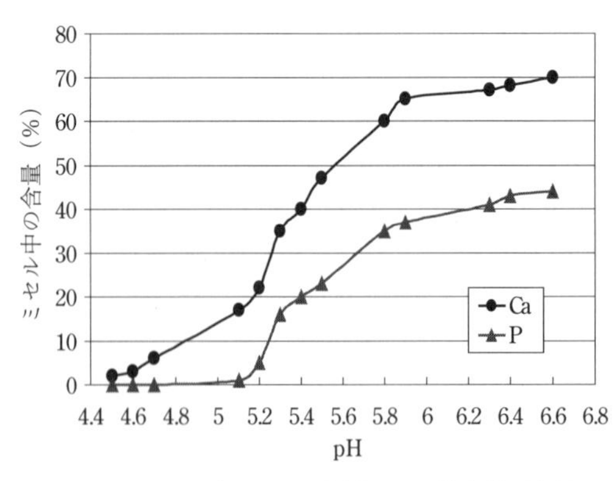

図1.31　カゼインミセル中のCCP含量のpH依存性（文献63）より作図）

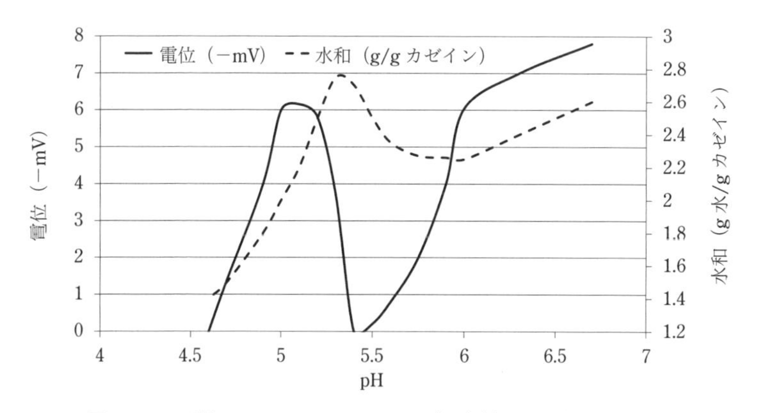

図 1.32　天然カゼインミセルの pH と表面電位および水和の関係（文献 64) および 65) より作図）

わち，ミセル中の CCP が完全に遊離する．すると，CM は解離し，約 20nm のサブミセルあるいはカゼイン会合体となる．これに伴い，前述したように牛乳の色は黄緑色を呈する．さらに図 1.32 に示すように，pH 5.4 付近にて CM の表面電位がほぼゼロとなり[64]，水和が最大となる[65]．このような現象が起きる理由は明らかにされていないが，チーズカードの特性を理解するためには重要になる．

3)　カゼインミセルの生合成

CM の構造を考えるうえで，乳腺における CM の合成過程を知ることは参考になる．CM の生合成過程についても未だ不明な点が多いが，図 1.33 に示す Clermont ら[66]の報告を紹介する．彼らはラットの乳腺組織を用いてグルタールアルデヒドで試料を固定し，電子顕微鏡で観察した．図 1.33 は，電子顕微鏡で撮影されたゴルジ体

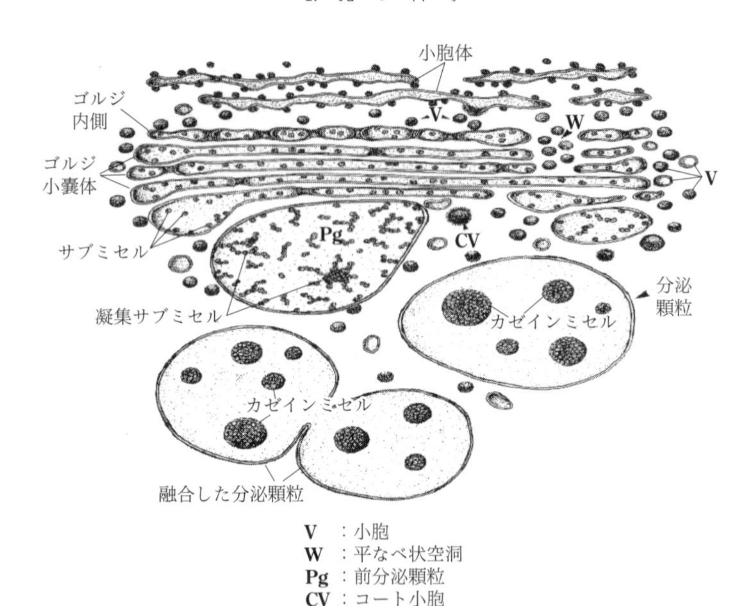

図 1.33 ラットの乳腺組織におけるゴルジ体でのカゼインおよびカゼインミセルの生合成過程（文献 66) より作図）

における CM 生合成過程を作図したものである．

彼らの報告によれば，各カゼインは小胞体にて合成され，ゴルジ体へと輸送される．ゴルジ体の内側（入口付近）で，直径 20 nm のカゼインの会合体が観察されている．彼らはこれをカゼインサブミセルと判断した．ゴルジ体を通過する途中で，カゼイン会合体（サブミセル）は糸状，あるいは不定形な集合体が形成され，リン酸化や κ–CN への糖付加が行われる．ゴルジ体外側（出口付近）で会合したサブミセルは球状の CM となる．CM を含む分泌顆粒は互いに融合し，エキソサイトーシス（exocytosis：開口分泌，分泌顆粒が細胞外層と融合し，内容物を放出する機構）でCMを分泌する．しかし，電子顕微鏡写真の画像にはアーチファクトを含む場合があるので，小胞体で合成されたカゼインが20 nmのサブミセルを形成しているかどうかはこの報告だけでは明確ではない．

4）カゼインミセルの安定性と不安定化

カゼインは酸性アミノ酸を多数含み（図1.24～図1.27参照），CMの表面は親水性の高いκ-CNのCMPが外側に向かって存在していると考えられている．このため，pH 7付近ではマイナス電荷数がプラス電荷数より多い（図1.23）．しかし，疎水性アミノ酸もまたCM表面にも存在している．このため，CMには水に対して安定に働く作用（Fs：sはstable）と，水になじまない不安定化さ

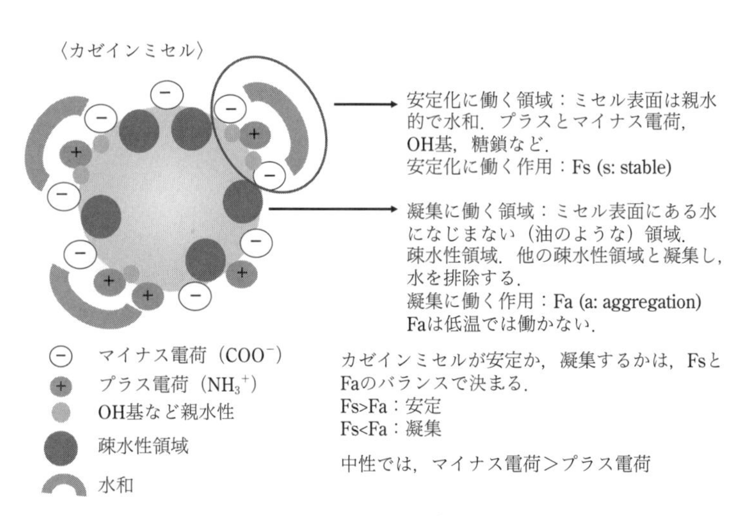

図1.34　カゼインミセルの安定性（イメージ図）

せる疎水性の作用（Fa：a は aggregate）の両方が働いており，Fs と Fa の大小関係によって安定になったり，不安定になったりする（図 1.34）．pH 7 付近では Fs > Fa なので，CM は水中で沈殿や凝集を起こさずに安定している．

(1) 等電点沈殿

牛乳の pH が下がりカゼインの等電点である pH 4.6 になるとマイナス電荷数が減少し，プラス電荷数と等しくなる（図 1.35）．さらに pH が下がると，プラス電荷数がマイナス電荷数より多くなる．「カゼインの等電点では電荷を失う」と記載されている場合があるが，正確な表現ではない．プラス電荷の数とマイナス電荷の数が等しくなるのであり，プラスやマイナスの電荷は存在している．また，Ser や Thr など親水性のアミノ酸や糖鎖も存在している．このため，CM 表面は等電点でも一部は水和していると考えられ，Fs はゼロではないが著しく低下する．一方，カゼ

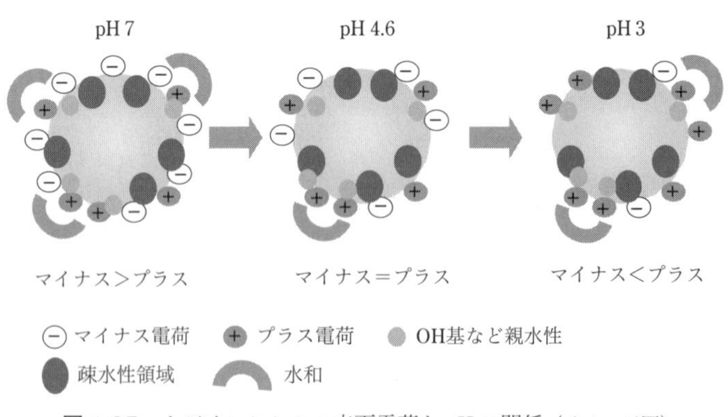

図 1.35 カゼインミセルの表面電荷と pH の関係（イメージ図）

インはフレキシブルな構造を持つと考えられるため（1.4.2 項 1）参照），Fa はカゼインの構造が大きく変化しない限り，pH が 4.6 でも pH 7 のときとほぼ同じである．したがって，等電点では Fs < Fa となり，CM は凝集する．これがカゼインの等電点沈殿である．しかし，冷蔵庫から出した直後の牛乳に酸を加えてもカゼインは凝集しない．これは，低温では疎水性相互作用が働かないため（表 1.18），Fa もほぼゼロとなる．しかし，等電点でも CM は部分的には若干水和している．それ故に沈殿しないが，室温に放置しておくと疎水性相互作用が働き，Fs < Fa となり沈殿する．図 1.32 に示したように，生乳中の CM は pH 5.4 付近にて電位がゼロ（すなわち等電点）となるが，沈殿凝集しないのは水和が高いためである．すなわち，pH 5.4 付近では Fs > Fa になっていると考えられる．

(2) レンネット凝固

κ-CN にレンネットが作用すると 105 番目の Phe と 106 番目の Met（図 1.27）の間が切断され，疎水性の高いパラ κ-CN と親水的な CMP に分解される（図 1.36）．また，図 1.37 に示すように，チーズ製造時には乳に乳酸菌スターターと凝乳酵素であるレンネットを添加し pH を酸性にするとともに，CM から CMP を遊

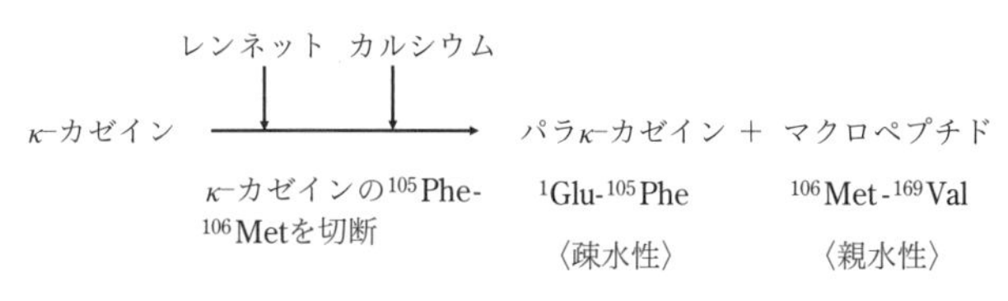

図 1.36 κ-カゼインのレンネットによる分解

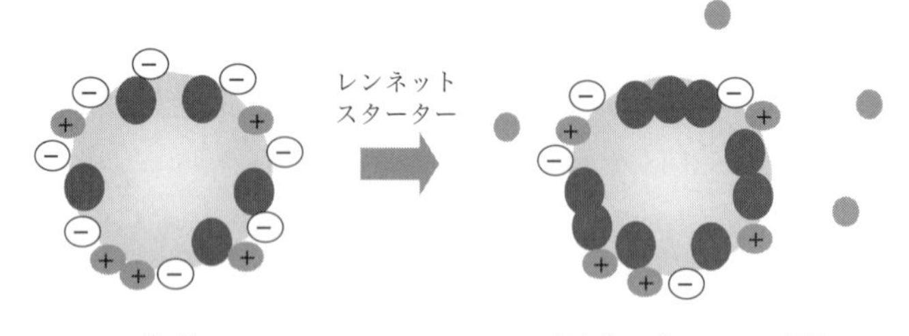

図 1.37　カゼインミセルのレンネットによるカード生成（イメージ図）

離させる．酸性になることでCMのマイナス電荷が減少し，親水的なCMPが遊離し，さらに疎水性の高いパラ κ–CN が CM に残る．このため Fs が低下し，Fa が高くなる．ある pH 以下になると Fs < Fa となり凝固が始まる．チーズ乳にカルシウムを添加することがあるのは，CMP が遊離したパラカゼインミセルの疎水性を高める（Fa をより高める）ためである．

レンネットは最初に κ–CN を分解するが，時間が経つと他のカゼインにも作用する．例えば，α_{S1}–CN に作用すると，23 番目の Phe と 24 番目の Phe の間を切断する（図 1.38）．また，^{1}Arg–^{23}Phe のペプチドは塩基性アミノ酸が多く，プラス電荷に富んでいる．一方，^{24}Phe–^{199}Trp は α_{S1}–Ⅰ–カゼイン（α_{S1}–Ⅰ–CN）と呼ばれ，α_{S1}–CN のすべての SerP が α_{S1}–Ⅰ–CN に存在している．これにカルシウムを加えると，カルシウムは α_{S1}–CN と同様に α_{S1}–

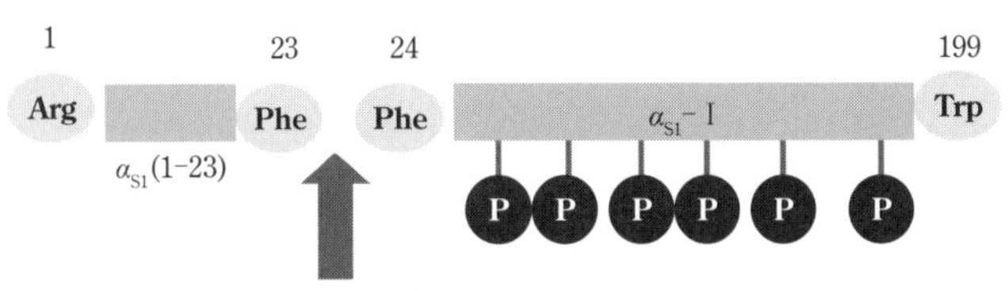

図 1.38　α_{S1}-カゼインのレンネットによる分解（イメージ図）

Ⅰ-CN にも結合する．しかし，α_{S1}-Ⅰ-CN は全く沈殿しない[67]．すなわち，α_{S1}-CN のカルシウム感受性は SerP に結合したカルシウムが α_{S1}-CN を架橋するためではない．このことは，カルシウムにより凝集した α_{S1}-CN に尿素を加えると完全に溶解する[68]ことからも確かめられている．尿素は疎水性相互作用などの非共有結合を切るが，イオン結合には影響しないためである．では，何故 α_{S1}-CN はカルシウムで沈殿するのか．その理由は現在でも詳しくはわかっていない．しかし，カルシウムは α_{S1}-CN の SerP に優先的に結合し，部分的な構造が変化することが知られている[69]．このような構造変化が α_{S1}-CN の凝集と関係していると思われるが，今後の研究を待ちたい．

1.4.4　ホエイたんぱく質

乳中に含まれるホエイたんぱく質成分で量的に多いのは β-ラクトグロブリン（β-lactoglobulin：β-Lg），α-ラクトアルブミン（α-lactalbumin：α-La），免疫グロブリン G（immunoglobulin：IgG）

などであり，少量しか含まれていないが機能的に重要なものとしてはラクトフェリン（lactoferrin：LF）やラクトパーオキシダーゼ（lactoperoxidase：LP）などがある．以下に，主要なものについて説明する．

1） β-ラクトグロブリン（β-Lg）

図 1.39 には β-Lg B の 1 次構造を示す[53]．2 次構造や高次構造も判明しており，2 個の S-S 結合を持つほか，121 番目にも Cys があることから，反応性に富む．特に，加熱したときの乳製品の物性に深く関与している（後述）．表 1.22 には β-Lg と α-La の主な特徴を示す．

β-Lg はほとんどの動物乳に含まれているが，ヒトやラクダには含まれていない（表 1.19）．他に，ラット乳も β-Lg を含まない．何故，動物により異なるのか理由は不明であり，乳中に存在している本来的機能も不明である．

β-Lg のアミノ酸組成は食品たんぱく質の中では最も優れており，Val，Ile，Leu の分岐鎖アミノ酸（BCAA）含量が最も高い．そのため，β-Lg や β-Lg を多く含むホエイたんぱく質濃縮物（whey protein concentrate：WPC）は筋肉合成に優れ，スポーツ飲料などに添加されることが多い．

2） α-ラクトアルブミン（α-La）

α-La の 1 次構造[53]を図 1.40 に，特徴を表 1.22 に示した．図 1.14 に示したように，α-La は乳糖合成に関与している．したがって，乳中の乳糖含量は α-La 含量と関係があり，ヒトやウマのように乳

1 11 21
Leu-Ile-Val-Thr-Gln-Thr-Met-Lys-Gly-Leu-Asp-Ile-Gln-Lys-Val-Ala-Gly-Thr-Trp-Tyr-Ser-Leu-Ala-Met-Ala-Ala-Ser-Asp-Ile-Ser-

31 41 51
Leu-Leu-Asp-Ala-Gln-Ser-Ala-Pro-Leu-Arg-Val-Tyr-Val-Glu-Glu-Leu-Lys-Pro-Thr-Pro-Glu-Gly-Asp-Leu-Glu-Ile-Leu-Leu-Gln-Lys-

61 71 81
Trp-Glu-Asn-Gly-Glu-Cys-Ala-Gln-Lys-Lys-Ile-Ile-Ala-Glu-Lys-Thr-Lys-Ile-Pro-Ala-Val-Phe-Lys-Ile-Asp-Ala-Leu-Asn-Glu-Asn-

91 101 111
Lys-Val-Leu-Val-Leu-Asp-Thr-Asp-Tyr-Lys-Lys-Tyr-Leu-Leu-Phe-Cys-Met-Glu-Asn-Ser-Ala-Glu-Pro-Glu-Gln-Ser-Leu-Ala-Cys-Gln-

121 131 141
Cys-Leu-Val-Arg-Thr-Pro-Glu-Val-Asp-Asp-Glu-Ala-Leu-Glu-Lys-Phe-Asp-Lys-Ala-Leu-Lys-Ala-Leu-Pro-Met-His-Ile-Arg-Leu-Ser-

151 161 162
Phe-Asn-Pro-Thr-Gln-Leu-Glu-Glu-Gln-Cys-His-Ile

図 1.39 ウシ β-Lg B のアミノ酸配列

66 番目の Cys と 160 番目の Cys, 106 番目の Cys と 119 番目の Cys が S-S 結合（文献 53)）.

糖含量が高い乳はα–Laも多く，オットセイのように乳糖を含まない乳にはα–Laは存在しない．

表 1.22 β–ラクトグロブリンおよびα–ラクトアルブミンの主な特徴

特徴	β–ラクトグロブリン	α–ラクトアルブミン
遺伝変異体	A, B, C, D, E, F, G, H, I, J, W	A, B, C
分子量 (kDa)	約 18.3	約 14
S–S 結合	2 個 (66–160, 106–119)	4 個 (6–120, 28–111, 61–77, 73–91)
機能	① リポカリン（疎水性物質の輸送を担うたんぱく質群）ファミリーの一種．脂肪酸やビタミンAの輸送機能はあるが，本来の機能ではない ② グリコデリン（リポカリンファミリーの一種で子宮内膜などに発現し，生殖に関与するたんぱく質）と高い相同性があり，β–Lgももともとは生殖に関与したが，乳中では優れたアミノ酸を仔に与えるとの説もある．しかし，明確な根拠はない ③乳中での存在意義は未だ不明	① β–1,4–ガラクトシルトランスフェラーゼと相互作用して，グルコースとUDP–ガラクトースから乳糖を合成
特徴	① pH 7付近では2量体(分子量: 36kDa)．酸性では単量体 ② 様々な香気成分を含め，200種類以上の物質と結合 ③ S–S結合や疎水性相互作用により，他のたんぱく質と相互作用しやすい	① カルシウムや亜鉛と結合 ② α–LAの一部には糖鎖がついている

1　　　　　　　　　11　　　　　　　　　21
Glu-Gln-Leu-Thr-Lys-Cys-Glu-Val-Phe-Arg-Glu-Leu-Lys-Asp-Leu-Lys-Gly-Tyr-Gly-Gly-Val-Ser-Leu-Pro-Glu-Trp-Val-Cys-Thr-Thr-

31　　　　　　　　　41　　　　　　　　　51
Phe-His-Thr-Ser-Gly-Tyr-Asp-Thr-Gln-Ala-Ile-Val-Gln-Asn-Asn-Asp-Ser-Thr-Glu-Tyr-Gly-Leu-Phe-Gln-Ile-Asn-Asn-Lys-Ile-Trp-

61　　　　　　　　　71　　　　　　　　　81
Cys-Lys-Asp-Asp-Gln-Asn-Pro-His-Ser-Ser-Asn-Ile-Cys-Asn-Ile-Ser-Cys-Asp-Lys-Phe-Leu-Asp-Asp-Asp-Leu-Thr-Asp-Asp-Ile-Met-

91　　　　　　　　　101　　　　　　　　　111
Cys-Val-Lys-Lys-Ile-Leu-Asp-Lys-Val-Gly-Ile-Asn-Tyr-Trp-Leu-Ala-His-Lys-Ala-Leu-Cys-Ser-Glu-Lys-Leu-Asp-Gln-Trp-Leu-Cys-

121　123
Glu-Lys-Leu

図 1.40　ウシ α-Lg B のアミノ酸配列

6 番目の Cys と 120 番目の Cys，28 番目の Cys と 111 番目の Cys，61 番目の Cys と 77 番目の Cys，73 番目の Cys と 91 番目の Cys が S–S 結合（文献 53））.

3) ラクトフェリン（LF）

LFは牛乳中に0.1～0.4mg/mL含まれる鉄結合性の糖たんぱく質である．羽を広げた蝶のような構造をしており，N末端側の羽様領域をNローブ，C末端側の領域をCローブと呼ぶ．それぞれのローブに鉄を1分子結合することができる．LFはトランスフェリン（transferrin：TF）ファミリーに属するが，鉄との親和性はTFよりはるかに高い．TFはpH 6にて鉄を遊離するが，LFの場合はpH 4付近で鉄を遊離する．鉄を結合すると赤色を呈することから，かつては「赤色たんぱく質」と呼ばれたこともある．分子量は約7.8kDa，等電点は8.5付近にある塩基性たんぱく質である．

人乳中のLF含量は牛乳の10倍程度であり，乳児の感染防御に重要な働きをしている．乳以外にも涙，唾液など分泌液に含まれるほか，細菌を攻撃する好中球もLFを分泌する．したがって，乳児はもちろん，成人においてもLFが生体防御をはじめとした重要な機能を果たしている．

LFについては様々な機能が報告されており，主なものを表1.23に示す[70,71]．LFは塩基性たんぱく質であることから，マイナス電荷を持つ物質と静電的相互作用を起こしやすい．このため，報告されているLFの多機能性は，単離・精製した高純度のLFに夾雑している物質に由来する可能性も完全には否定しきれない．例えば，LFの骨代謝改善効果については，LF濃縮物に含まれる夾雑物であるいくつかの成分に同様の効果があることが報告されており，それら夾雑成分に由来する効果なのか，LFそのものの効果なのか興味深い[71]．

このように，LFは極めて重要な乳たんぱく質であるが，工業的

表 1.23　ラクトフェリンの主な機能

機能	備考
抗菌作用	大腸菌（*E. coli*），枯草菌（*B. subtilis*），リステリア（*Listeria monocytogenes*），ブドウ球菌（*Staphylococcus aureus, Staphylococcus epidermidis*），カンジダ（*Candida albicans*），糸状菌（*Trichophyton mentagrophytes, Tricophyton rubrum*）などの増殖を抑える．LF が菌の増殖に必要な鉄を奪うために菌の増殖が抑えられる場合と，LF そのものに抗菌作用がある場合がある．歯周病菌や緑膿菌のバイオフィルム形成を抑制し，歯周病を予防することが期待されている．
抗ウィルス作用	単純ヘルペス（Herpes simplex virus），ヒトサイトメガロウィルス（Human cytomegalovirus），B 型肝炎ウィルス（Hepataitis B virus），C 型肝炎ウィルス（Hepatitis C virus），ヒト免疫不全ウィルス（Human immunodeficiency virus: HIV），ロタウィルス（Rotavirus），ポリオウィルス（Poliovirus），アデノウィルス（Adenovirus）など．LF が宿主細胞に結合し，ウィルスの結合を妨げる．ロタウィルスによる下痢症状に軽減効果がある．
プレバイオティクス作用	ビフィズス菌増殖効果，腸管成熟効果が知られ，乳幼児の腸内菌叢の形成に重要．
免疫調節作用	NK 細胞の活性亢進，好中球の貪食活性亢進．その結果として，生体防御効果や発ガン抑制効果が期待される．
貧血改善作用	鉄が結合した LF は貧血を改善する．処方される鉄剤服用に伴う胃荒れなど副作用がない．
内臓脂肪蓄積緩和効果	BMI>25 以上の肥満傾向にある者が腸溶性カプセル入り LF を 300 mg/日摂取すると，8 週間後に内臓脂肪，体重，ヒップ径などが減少．
骨代謝改善効果	骨芽細胞の増殖や分化促進，破骨細胞の分化抑制効果が報告されている．

文献 70, 71) より．

に利用することは容易ではない．第一に，牛乳中の含量が少ないために純度85％以上の「ラクトフェリン濃縮物」の製造コストが高い．第二には，LFの耐熱性は低く，加熱殺菌工程で変性してしまう．さらに，経口摂取したLFは消化酵素で容易に分解され，表1.23に示した機能の多くが低減する．このため，タブレットや腸溶性カプセルの形状にしたサプリメントとして利用される場合が多い．その他，乳児用調製粉乳に配合されている．一方，LFの機能を維持できる加熱殺菌方法に関する研究が行われ，酸性下で加熱する方法[72)]やpHとイオン強度を調整して加熱する方法[73)]などが開発された．さらに，鉄を大量にLFと共存させることによりLFの耐熱性を向上させ，消化酵素耐性を高め，かつ鉄味がせず，鉄摂取に伴う副作用がない鉄LF素材が開発された[74)]．こうした技術を利用したヨーグルト，乳飲料，スキムミルクなども市販された．

4） 乳塩基性たんぱく質（milk basic protein：MBP）

MBPは脱脂乳を陽イオン交換樹脂に通液したときに吸着するたんぱく質群を総称し，LF，LPをはじめ多くのたんぱく質が含まれる．骨は主としてリン酸カルシウムからなる骨塩と，コラーゲンなどのたんぱく質からなる骨基質から構成される．カルシウムは骨形成に大切であるが，カルシウムのみならずコラーゲンのもとになるたんぱく質も摂取しないと健全な骨は形成されない．骨は骨芽細胞と破骨細胞の働きによって形成される．破骨細胞は酸やたんぱく質分解酵素を出し，リン酸カルシウムを溶解させ，コラーゲンを分解することで古くなった骨を壊す．するとそこに骨芽細胞が集まり，カルシウムを沈着させ，コラーゲンを分泌することで新しい骨を作

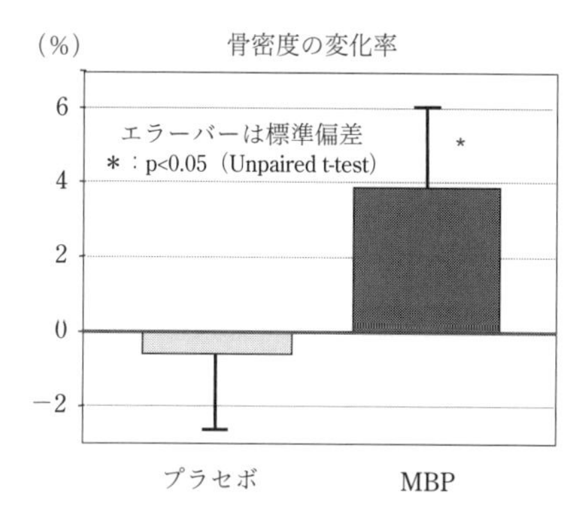

図 1.41　成人女性の骨密度に及ぼす MBP 摂取の効果

MBP 投与群：17 名（30 ± 9 歳），プラセボ群：16 名（27 ± 8 歳），MBP 40 mg/日　6ヵ月，橈骨（とうこつ，前腕）の骨密度を DEXA 法（二重エネルギー X 線吸収測定法）で測定．（文献 76）より作図）．

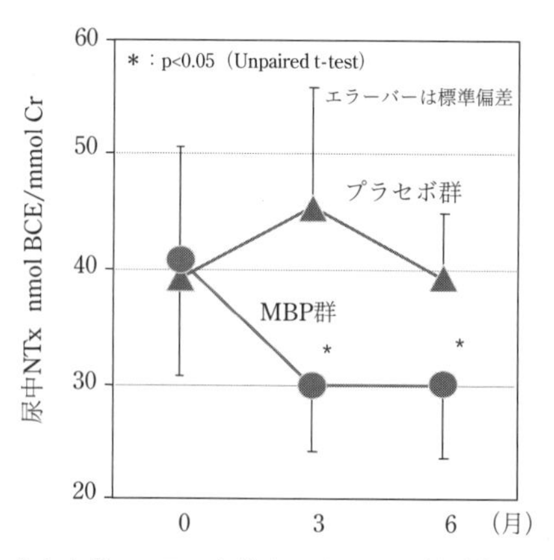

図 1.42　成人女性に MBP を投与したときの骨吸収マーカーの変化

（文献 76）より作図）

る[75]．そのため，骨芽細胞と破骨細胞の働きのバランスが重要である（5.5 で詳述）．MBP は骨芽細胞を活性化させ，破骨細胞の働きを適度に抑制する．このため，40mg の MBP を経口摂取すると半年後には骨密度が増加し，骨吸収マーカーが低下する[76]（図 1.41，図 1.42）．この効果は成人女性のみならず，閉経した女性や高齢者においても認められており，MBP を配合した清涼飲料水が特定保健用食品として認定されている．このほか，乳飲料，タブレット，ヨーグルト，プロセスチーズ，スキムミルクなどに配合された商品が市販された．

5) ラクトパーオキシダーゼ（lactoperoxidase：LP）

LP は牛乳中に約 3mg/100mL 程度含まれる酵素であり，分子量は約 78kDa，等電点は 9.6 の塩基性たんぱく質である．糖鎖を持ち，鉄を 1 分子結合している．カルシウムと結合し，LP の構造維持に重要である[77]．LP は図 1.43 に示すように，過酸化水素を分解し活性酸素を作る．生じた活性酸素はチオシアンイオン（SCN^-）を酸化してヒポチオシアン（hypothiocyanate：$OSCN^-$）となる．大腸菌などでは，ヒポチオシアンは菌代謝系のグリセルアルデヒド-3-リン酸デヒドロゲナーゼ（glyceraldehyde-3-phosphate dehydrogenase）の作用を抑え，その結果，菌の代謝が進まず菌は死滅する．一方，乳酸菌などは $OSCN^-$ を SCN^- に戻す酵素，NADH-OSCN オキシドリダクターゼ（NADH-OSCN oxidoreductase）があるため，菌は一時的に生育が抑えられるが，やがて復活して増殖する．したがって，SCN と過酸化水素の存在下で抗菌作用，あるいは静菌作用を示す[78]．

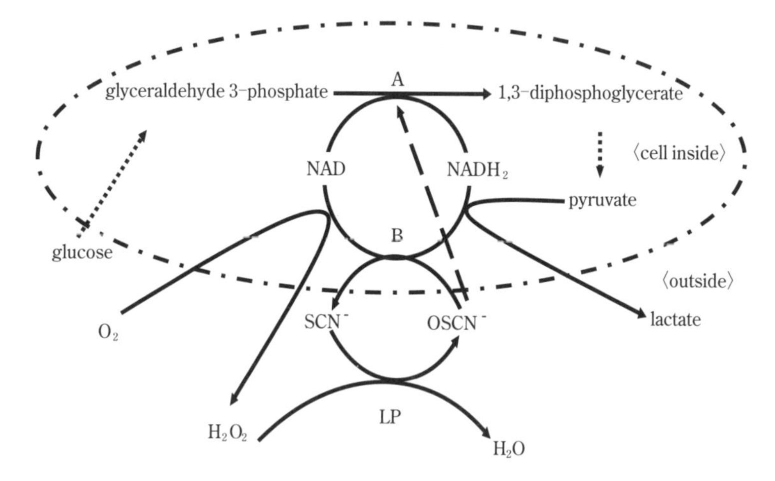

A：グリセルアルデヒド 3-リン酸デヒドロゲナーゼ
B：NADH-OSCNオキシドリダクターゼ

図 1.43 ラクトパーオキシダーゼの抗菌作用（文献 78) より作図）

このような抗菌作用は LP システムとも呼ばれ，冷蔵設備が不十分な開発途上国では，生乳に過酸化水素とチオシアンナトリウムを添加し，生乳中の LP による抗菌作用によって生乳の日持ちを向上させる試みが行われている[79]．日本では生乳に過酸化水素やチオシアンを添加することは認められていないが，チオシアンは乳，唾液，胃液などの分泌物に微量含まれているほか，一部の野菜などにも含まれている．また，乳酸菌によっては過酸化水素を産生する菌もある．このため，過酸化水素やチオシアンを添加しなくても発酵乳に LP を微量添加することで LP システムを働かせることができる．このような LP システムを利用して発酵乳の後発酵（冷蔵保存中でも乳酸菌は生きており，乳酸を産生し続けるために，徐々に酸っぱくなる現象）を抑える技術が開発され[80]，製造直後のおいしさを持続する発酵乳が市販された．

LP あるいは LP と LF を含有する口腔ケア商品もあり，マウスでの実験ではあるがインフルエンザウィルスの症状を緩和する効果[81]や，歯茎からの出血を低減したとする報告[82]がある．LP は MBP 中の主要成分であり，MBP の骨代謝改善効果のうち，破骨細胞の活性を抑える効果を担っていることも報告されている[83]．

6） カゼインマクロペプチド（CMP）

CMP は κ–CN がレンネットで分解されて生じたペプチドであるから，厳密にはホエイたんぱく質ではない．したがって，酸ホエイ（酸によりカゼインを沈殿させた上清）中には CMP は含まれない．しかし，チーズ製造時に得られるチーズホエイ中には無視できない量の CMP が含まれており，工業的に分離する技術も確立している．

CMP の一次構造は，図 1.37 に示したように κ–CN の ^{105}Met–^{169}Val のペプチドであり，一部の Thr に図 1.28 に示した糖鎖が結合しているものもある．しかし，半数の CMP は糖鎖を持たない．

CMP の分子量は糖鎖の種類により幅があるが，7 ～ 10kDa である．しかし，ゲル濾過法で分子量を測定すると，pH 7 では 20 ～ 50kDa，pH 3.5 では 10 ～ 30kDa である[84]．おそらく，静電的相互作用などにより pH 依存的な解離–会合をしていると考えられるが，詳しいことは不明である．

CMP には表 1.24 に示すような機能が報告されており，感染防御が主たる機能である[85]．CMP はカゼインミセルの安定化に必須であ

表 1.24　カゼインマクロペプチドの機能

機能	備考
病原菌やウィルスの腸管付着阻止	CMP の糖鎖にあるシアル酸が宿主細胞に結合し，病原菌やウィルスの細胞付着を阻止
毒素中和	コレラトキシンの毒素中和
IgG 抗体産生の抑制	新生児の抗原への過剰な反応を抑える
ビフィズス菌増殖	*B. breve, B. bifidum, B. infantis, B. lactis* の増殖
食欲抑制	コレシストキニン（cholecystokinin）の分泌が増え，食欲を抑制するとの報告があるが，ヒトでは効果がなかったと報告されている

文献 85) より．

り，仔にリン酸カルシウムを供給する乳の本来機能に関与している．

1.5　加熱の影響

乳・乳製品の製造において行われる加熱処理により乳や乳成分がどのような変化を受けるのかを知ることは，乳製品製造や商品開発において極めて重要である．

1.5.1　加熱による pH の変化

牛乳を加熱すると乳糖が分解され，有機酸，主としてギ酸が生成する[86]．このため，図 1.44 に示すように，乳の pH がわずかに低下する．

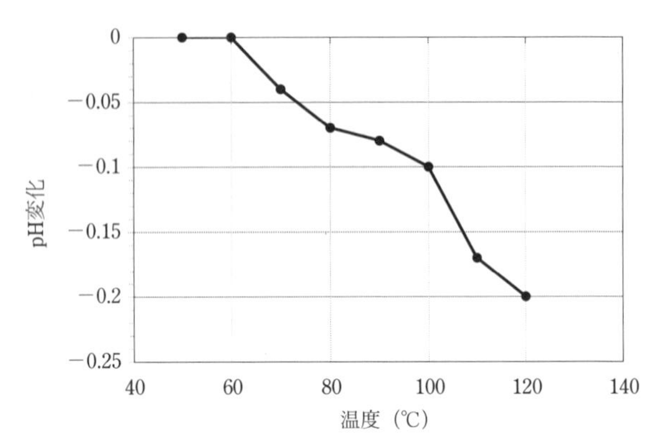

図 1.44 脱脂乳を各温度にて 20 分間加熱したときの pH 変化
（文献 87）より改変作図）

1.5.2 メイラード反応

牛乳を高温加熱すると，乳糖とたんぱく質の ε–アミノ基が反応し，シッフ塩基（Schiff's base）となり，アマドリ（Amadori）化合物が生成され，さらに複数の複雑な反応を経てメラノイジン（melanoidins）となる．メラノイジンには複数の種類があり，いずれも褐色の高分子である．この一連の反応がメイラード（Maillard）反応である[88)]（図 1.45）．

メイラード反応の結果，牛乳は褐色を呈する（褐変）．褐変化は加熱温度が高いほど，および加熱時間が長いほど促進されるが，その他様々な要因が影響する[89)]（表 1.25）．特に，糖の種類が褐変に影響し，ショ糖など非還元糖ではメイラード反応は進行しない．また，乳糖は褐変の程度が低い糖質であるが，乳糖をグルコースとガラクトースに分解すると容易に褐変するようになる．現時点ではメ

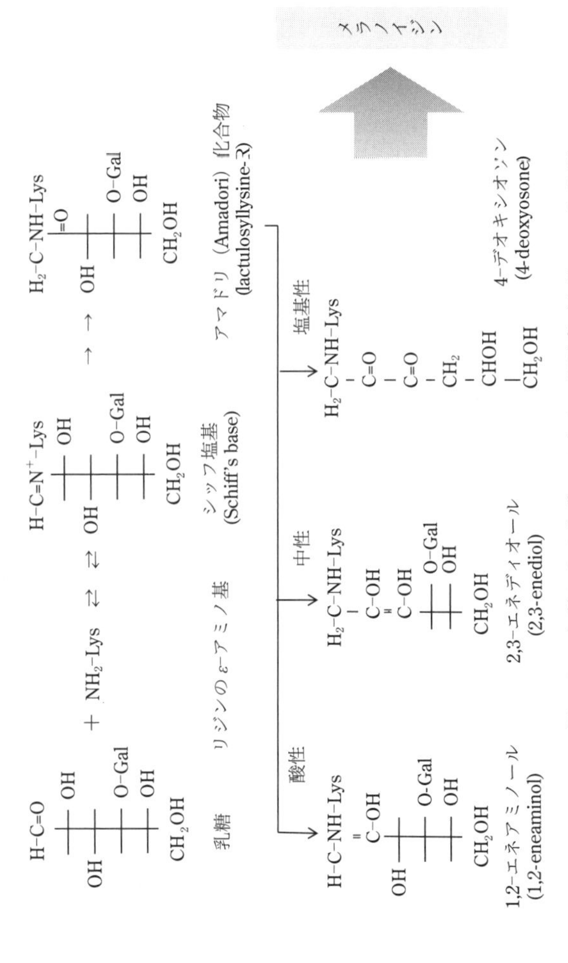

図 1.45　加熱による牛乳のメイラード反応（文献 88）より改変）

表 1.25　牛乳のメイラード反応に及ぼす因子

因子	影響
糖の種類	還元糖（グルコース，フルクトース，ガラクトース，マルトース，乳糖，麦芽糖など）はメイラード反応が進行するが，非還元糖（ショ糖，トレハロースなど）は反応しない． 褐変のしやすさ：キシロース > アラビノース > フルクトース > グルコース > マルトース > ラクトース
pH	1,2-エネアミノールは 2,3-エネディオールよりも褐変能が低いため，酸性側の方が褐変の程度は低い
水分活性（a_w）	$0.5 < a_w < 0.7$ で褐変最大

文献 89) より．

ラノイジンを正確に定量する方法はないが，アマドリ化合物を酸加水分解した際に生成するフロシン（furosine）を定量する方法が知られている[90]．

牛乳の褐変化を完全に防止する方法は現時点では開発されていないが，褐変の程度を低減させるために容器を摺動（しゅうどう）させながら加熱する方法[91]や，クロロゲン酸を添加する方法[92]が報告されている．

1.5.3　加温による皮膜形成

牛乳を加温すると皮膜が生成する．よく観察していると，牛乳表面に小さな凝集が生じ，それらが核となり広がってきて，やがて液面全体に膜が形成する（図 1.46）．このような現象をラムスデン（Ramsden）現象といい，豆乳から作る湯葉と同じ現象である．牛乳の皮膜に関する報告は少ないが，湯葉と同じく気液界面が水分蒸発により局部的に濃縮され，たんぱく質が界面変性し，脂肪とともに被膜を形成する．

皮膜はたんぱく質と脂肪が主たる成分であるが（図 1.47）[93]，最初の膜を取り除くと 2 枚目の皮膜が生成する．2 枚目を除くと 3 枚目ができる．このように次々に膜が形成されるが，その成分は次第に変化する[94]．最初の膜はたんぱく質と脂肪が多く美味であるが，次第に乳糖の割合が増え，甘くなる．

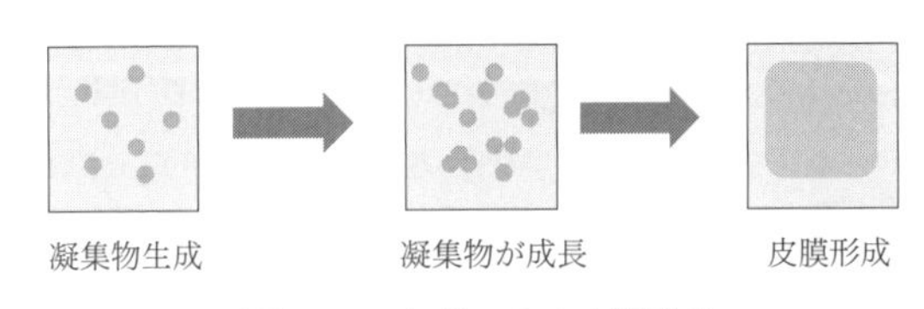

図 1.46　加温による皮膜形成

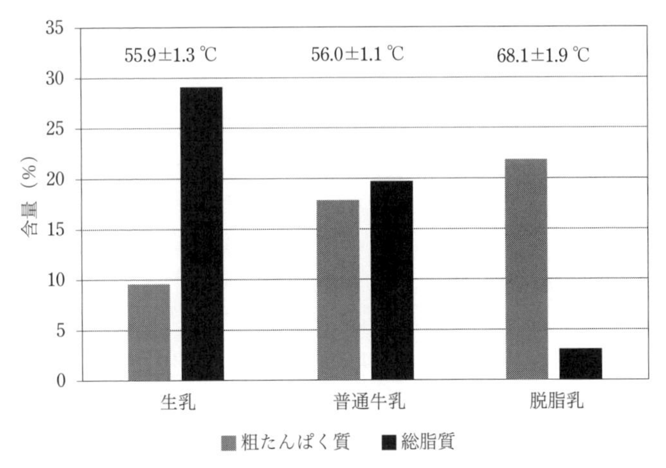

図 1.47　皮膜生成開始温度と皮膜組成（文献 93) より作図）

1.5.4 加熱によるカゼインの変化

1) β-Lg との相互作用

牛乳を加熱したときの凝固時間（HCT）は，pH に依存することが知られている（図 1.48）[95]．pH 6.9 で HCT が短くなり，それ以上で HCT が長くなる．一方，pH 6.9 より下がると HCT は長くなり，pH 6.7 付近で一旦 HCT が高くなった後，pH の低下とともに HCT も低下する．このような凝固曲線を示す牛乳を，A 型という（一般的な牛乳は A 型）．このような挙動にはホエイたんぱく質が関係しており，ホエイたんぱく質を除去すると，HCT は pH とともに高くなる．このような挙動を示す牛乳を，B 型という（ホエイたんぱく質を除いた牛乳）[95]．

このように，カゼインを加熱するとホエイたんぱく質，特に β-Lg と相互作用し，様々な乳製品の製造や物性に大きな影響を与える．

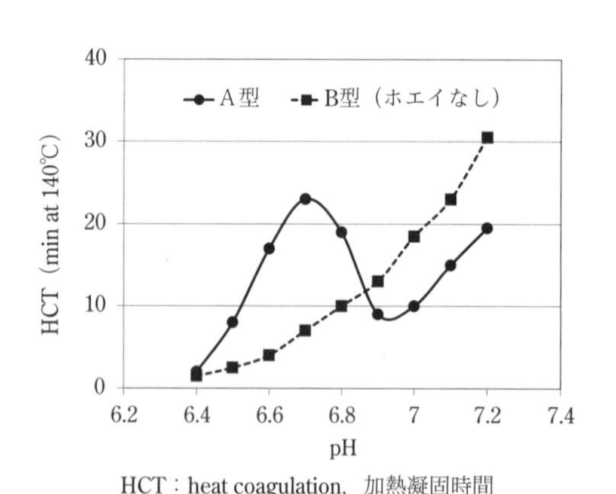

図 1.48 牛乳を 140℃で加熱したときの凝固時間と pH の関係（文献 95）より改変）

2)　κ-CN の遊離

加熱による重要な変化として，カゼインミセルからカゼイン，特に κ-CN が遊離する点が挙げられる．図 1.49 に示すように，カゼ

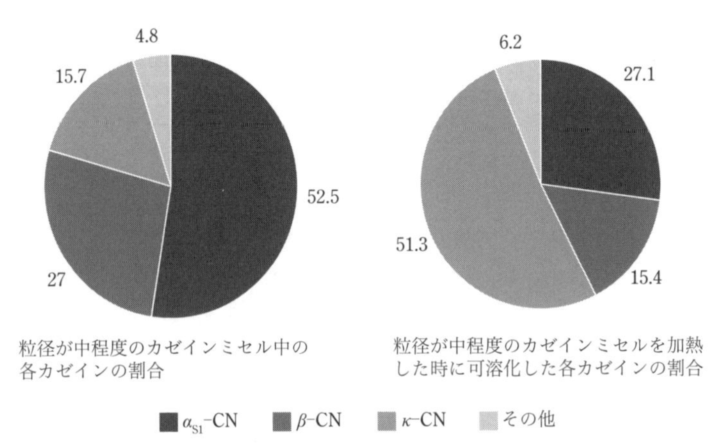

図 1.49　130 ～ 140℃，5 秒間加熱したときカゼインミセルから遊離するカゼイン（文献 96) より作図）

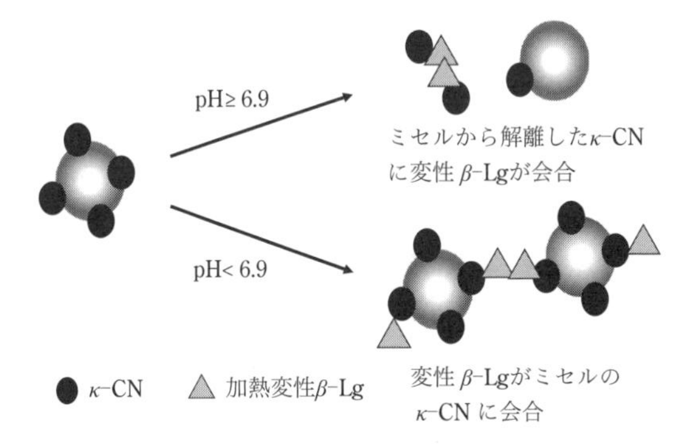

図 1.50　90℃以上で加熱されたカゼインミセルからの κ-CN の遊離と β-Lg を介したミセルの凝集（イメージ図）（文献 98, 99) より作図）

インミセルから各カゼインが遊離し，特に κ–CN の遊離が顕著である[96]．κ–CN の遊離は 80℃以上の加熱で，pH が 6.9 以上のとき顕著になる[97]．図 1.50 にはカゼインを加熱したときに遊離する κ–CN と，β–Lg を介したミセルの凝集[98,99]に関するイメージ図を示す．κ–CN はカゼインミセルの安定化に重要なたんぱく質であり，その一部がミセルから遊離するとミセルの安定性は低下する．

3) ミネラルの変化

カゼインミセルに含まれるコロイド状リン酸カルシウム（CCP）は加熱しても見かけ上ほとんど変化しない[96]．しかし，図 1.51 に示すように，ホエイ中の可溶性カルシウム（大半がクエン酸カルシウム）および無機リンは不溶化する[100]．これはリン酸カルシウム

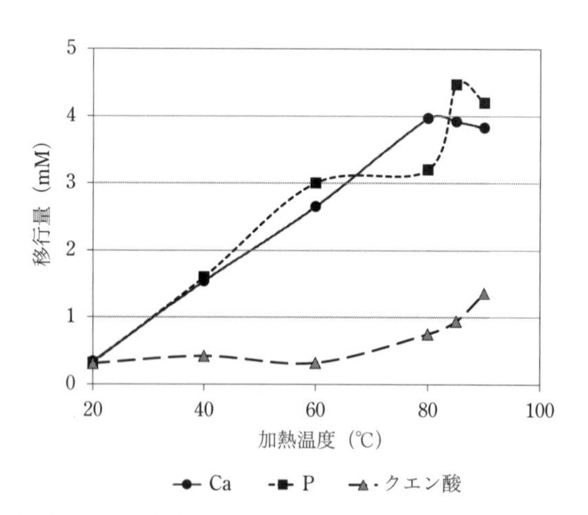

図 1.51 加熱により不溶化するホエイ中のカルシウム，リン，およびクエン酸量（文献 100) より作図）

の溶解度は高温で低下するためである．不溶化したリン酸カルシウムはカゼインミセルに沈着し，あるいはカゼインのマイナス電荷と結合してミセルの疎水性が高まり，不安定化に作用する．

4)　アミノ酸の変化

長時間牛乳を超高温加熱するとアミノ酸が変化し，①脱アミド反応（Gln, Asn からアンモニアが発生），②非たんぱく質態窒素（non-protein nitrogen：NPN）の増加（ペプチド結合が開裂し，ペプチドやアミノ酸を生成），ならびに③ SerP の脱リン反応が起きる．図 1.52 に示すように，カゼインの SerP は加熱により脱リンが起こり，デヒドロアラニン（dehydroalanine：DHA）になる．DHA は様々なアミノ酸と反応する．Lys と反応すればリジノアラニン（lysinoalanine：LAL）に，His と反応すればヒスチジノアラニン（histidinoalanine：HAL）が生じる．DHA は加熱温度が高いほど生成し，120℃を超えると急激に生成量が増加する[101]（図 1.53）．LAL が生成すると生体が利用できる Lys 量が減るので，栄養的には好ましくない．

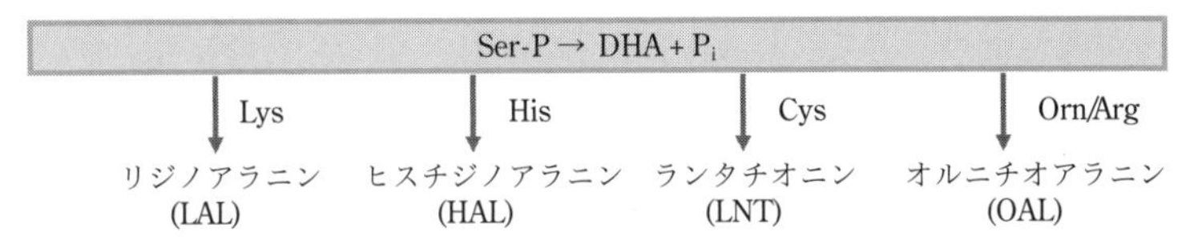

図 1.52　加熱によるカゼインの脱リンとアミノ酸の変化

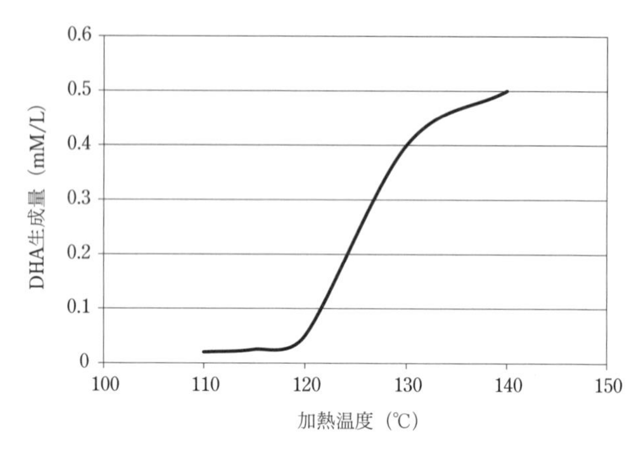

図 1.53　3% β-CN 溶液を各温度にて 10 分間加熱したときに生成するデヒドロアラニン（DHA）量
（文献 101）より改変作図）

1.6 乳 の 進 化

1.6.1 卵から乳へ

動物は卵から生まれ，仔は親が捕獲したエサを分け与えられ育つ，という育児方法を採用してきた．しかし，進化の過程で，ある時から親は乳を分泌し育児する哺乳類が誕生した．何故，卵から乳に変わったのか．おそらく，乳の方が育児するうえでメリットが大きかったためと考えられる．多孔質な皮膜に覆われた卵は水分が失われると致命的になるため，親は卵を抱きかかえたり，地中に埋めたりして温度と湿度を管理し，外敵（他の動物，病原菌など）からも守らなければならない．仔が生まれても，親がエサを捕獲できなければ仔は死んでしまう．一方，哺乳類は仔を一定の大きさになるまで胎児として育て，生まれてからは親が分泌する乳のみで仔を育てることができる．

卵から水分が蒸発することを防ぐために，動物は皮膚腺から水分や脂肪を分泌した．やがて，病原菌の汚染から守るために，リゾチームなど抗菌成分を分泌した．進化が進むと硬いエサを噛み砕いたり，動きの速いエサを捕えたりするために骨や顎が発達し，皮膚腺から栄養成分を分泌するようになった．そして皮膚腺の一部が乳腺に進化したと考えられている[102,103]．

1.6.2 カゼインの進化

カゼインは乳の主成分であるが，哺乳類誕生前の動物の歯，およびその周辺にすべての先祖カゼイン遺伝子が存在していることが最近わかってきた[104]．カルシウムで沈殿するカゼイン群と，沈殿し

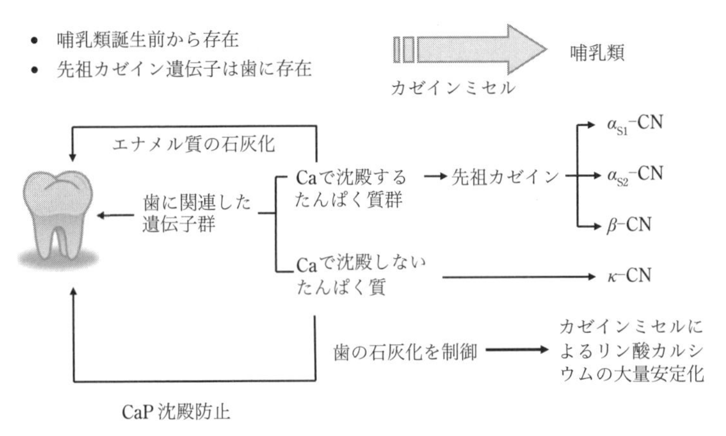

図 1.54 カゼインの進化（文献 105) より作図）

ないカゼインが存在し，歯にリン酸カルシウムを供給し制御する役割を担っていたと考えられている（図1.54）．カルシウムで沈殿するカゼイン群はα_{S1}–，α_{S2}–，およびβ–カゼインに進化し，カルシウムで沈殿しないカゼインはκ–カゼインになった．なお，かつては，κ–カゼインの先祖は血液中のフィブリノーゲンと類似性が高く，フィブリノーゲンから進化したと考えられていたが[105]，現在は否定されている．

1.6.3 β–ラクトグロブリン（β–Lg）の進化

ホエイたんぱく質の主要成分であるα–ラクトアルブミン（α–La）がリゾチームから進化したことは，1.3.1項で示した（図1.14）．しかし，β–Lgについてはよくわかっていない．β–Lgはレチノール結合たんぱく質（retinol binding protein：RBP）と一次構造が類似していることから，レチノール，ビタミンAなど疎水性の高い低分子を運搬するために進化したと考えられていた[106]．しかし，動物種によってはレチノールと結合しないβ–Lgもあることから，現在では疑問視されている．一方，β–Lgの一次構造は子宮内膜などで分泌されるグリコデリン（glycodelin）のそれと相同性が高い[107]ことから，両者の関係が注目されている．

引 用 文 献

1) Jennes, Fundamentals of Dairy Chemistry 3rd ed. 1–38 (1988)
2) 日本食品成分表　5訂，文部科学省 (2015)
3) Gaucheron, Reprod. *Nutr. Dev.* **45**：473–483 (2005)
4) 井戸田ら，日本小児栄養消化器病学誌 **5**: 145–158 (1991)

5) Ramos & Juarez, Encyclopedia of Dairy Science 2nd ed. pp.494–502 (2011)
6) Sindhu & Aroro, Encyclopedia of Dairy Science 2nd ed. pp.503–511 (2011)
7) Farah, Encyclopedia of Dairy Science 2nd ed. pp.512–517 (2011)
8) Amigo & Fontecha, Encyclopedia of Dairy Science 2nd ed. pp.484–493 (2011)
9) Uniacke-Lowe & Fox , Encyclopedia of Dairy Science 2nd ed. pp.518–529 (2011)
10) 片岡，岡実動研報 No.3: 24–32 (1985)
11) Osthoff, IDF WDS Cape Town (2012)
12) Dosako *et al.*, *J. Dairy Sci.* **66**: 2076–2083 (1983)
13) Uniacke & Fox, Encycl. Dairy Sc. 2nd ed. Vol.3: 613–631 (2011)
14) Brennan *et al.*, *Aust. Biochemist* **37**: 11–14 (2006)
15) Jennes & Clark, Fundamentals of Dairy Chemistry 3rd ed. 171–213 (1988)
16) http: //www.geocities.jp/jr2bvb/syokuhin/sibousan/milk_s.htm
17) 稲葉恵一，新版　脂肪酸化学　第 2 版，平野二郎編，幸書房 (1990)
18) Grummer, *J. Dairy Sci.* **74**: 3244–3257 (1991)
19) Turpenen *et al.*, *Am. J. Clin. Nutr.* **76**: 504–510 (2002)
20) Collomb *et al.*, *Int. Dairy J.* **16**: 1347–1361 (2006)
21) Smit *et al.*, *Am. J. Clin. Nutr.* **92**: 34–40 (2010)
22) CODEX Alimentarius Commision CX/NFSDU 12/34/13
23) Kullenberg *et al.*, *Lipids Health Disease* **11**: 3 (2012)
24) 春田裕子，乳業技術　**63**: 38–51 (2013)
25) https: //unit.aist.go.jp/shikoku/manual/2011.3.31.pdf#search='% E7% 94% A3% E6% 8A% 80% E9% 80% A3+% E4% BB% B2% E5% B1% B1+% E3% 82% AC % E3 % 83 % B3 % E3 % 82 % B0 % E3 % 83 % AA % E3 % 82 % AA % E3 % 82% B7% E3% 83% 89'
26) Lopez *et al.*, *J. Agric. Food Chem.* **56**: 5226–5236 (2008)
27) 菅野長右エ門，日畜会報 **51**: 75–88 (1980)
28) Mather, *J. Dairy Sci.* **83**: 203–247 (2000)
29) 津郷友吉・小山　進，乳業技術講座　第 1 巻　牛乳，pp.58，朝倉書店 (1963)
30) 津郷友吉ら，食衛誌 **6**: 553–554 (1965)
31) Huppertz & Kelly, Adv. Dairy Chem. 3rd ed. ed by Fox & Sweeney,Vol.2 pp.181–196 (2006)
32) 佐藤清隆，*J. Grad. Sch. Biosp. Sci.* Hiroshima Univ. **48**: 77–94 (2009)
33) 曽根敏麿，油化学 **11**: 775–782 (1969)
34) 寺尾純二，農化誌 **64**: 1819–1826 (1990)
35) 斎藤忠夫，乳業技術 **50**: 38–57 (2000)
36) Nitta & Sugai, *Eur. J. Biochem.* **182**: 111–118 (1989)
37) 浦島ら，化学と生物 **50**: 498–509 (2012)
38) 出家ら，雪印乳業研究所報告 No.78: 19–26 (1982)

39) Urashima *et al.*, Adv. Dairy Chem. 3rd ed. Vol.3: 295-394 (2009)
40) Urashima *et al.*, *Glycoconjugate J.* **18**: 357-371 (2001)
41) Sangwan *et al.*, *J. Food Sci.* **76**: R103-R111 (2011)
42) Wang & Brand-Miller, *Eur. J. Clin. Nutr.* **57**: 1351-1369 (2003)
43) 金井・石坪，乳業ジャーナル　6 月号 : 44-48 (2014)
44) Fox, Adv. Dairy Chem. 3rd ed. Vol.3: 1-15 (2005)
45) Walstra & Jenness, Dairy Chemistry and Physics pp.27-41 (1984)
46) 堂迫俊一，チーズを科学する，チーズプロフェッショナル協会編，pp.1-7, 幸書房 (2016)
47) 堂迫俊一，チーズを科学する，チーズプロフェッショナル協会編，pp.14-22, 幸書房 (2016)
48) Uniacke & Fox, Encyclopedia Dairy Sci. 2nd ed. 613-631 (2011)
49) Darragh & Lonnerdal, Encyclopedia Dairy Sci. 2nd ed. 581-590 (2011)
50) Farah, *J. dairy Res.* **60**: 603-626 (1993)
51) Van Boekel & Ribadeau-Dumas, *Neth. Milk Dairy J.* **41**: 281-284 (1987)
52) Rutherfurd & Gilani, SPIFAN June 2012
53) Farrel Jr. *et al.*, *J. Dairy Sci.* **87**: 1641-1674 (2004)
54) DATEX Working Group, *EFSA Sci. Rep.* **231**: 1-107 (2009)
55) Kaminogawa *et al.*, *Agric. Biol. Chem.* **38**: 2163-2167 (1972)
56) Eigel *et al.*, *Proc. Natl. Acad. Sci. USA* **76**: 2244-2248 (1979)
57) Saito & Itoh, *J. Dairy Sci.* **75**: 1768-1774 (1992)
58) Huppertz, in "Advanced Dairy Chemistry 4th ed. Vol.1A, pp.135-160, Springer (2013)
59) 青木，化学と生物　**41**: 494-496 (2003)
60) 青木ら，ミルクサイエンス　**66**: 125-143 (2017)
61) Schmidt, *Neth. Milk Dairy J.* **34**: 42-64 (1980)
62) Holt, *Adv. Protein Chem.* **43**: 63-151 (1992)
63) Gastaldi *et al.*, *J. Food Sci.* **61**: 59-64, 68 (1996)
64) Schmidt & Poll, *Neth. Milk Dairy J.* **40**: 269-280 (1986)
65) van Hooydonk *et al.*, *Neth. Milk Dairy J.* **40**: 281-296 (1986)
66) Clermont *et al.*, *Anat. Rec.* **235**: 363-373 (1993)
67) Kaminogawa *et al.*, *J. Dairy Sci.* **63**: 223-227 (1980)
68) Aoki *et al.*, *J. Dairy Sci.* **68**: 1624-1629 (1985)
69) Ono *et al.*, *Agric. Biol. Chem.* **40**: 1717-1723 (1976)
70) 織田ら，乳業技術　**60**: 9-22 (2010)
71) 川上　浩，ミルクサイエンス　**62**: 85-104 (2013)
72) Abe *et al.*, *J. Dairy Sci.* **74**: 65-71 (1991)
73) Kawakami *et al.*, *Int. Dairy J.* **2**: 287-298 (1992)

74) 筧ら，ミルクサイエンス **53**: 183-186 (2004)
75) Kawakami, *Food Sci. Technol. Res.* **11**: 1-8 (2005)
76) Aoe *et al., Biosci. Biotechnol. Biochem.* **65**: 913-918 (2001)
77) Kussendragen & Hooijgonk, *Br. J. Nutr.* **84**: s19-s25 (2000)
78) Carlsson *et al, Infct. Immun.* **40**: 70-80 (1983)
79) IDF Bulletin No.234: 5-16 (1988)
80) 平野まゆみ，ミルクサイエンス **47**: 195-199 (1998)
81) Shin *et al., J. Med. Microbiol.* **54**: 717-723 (2005)
82) Domingues-Moreira *et al., J. Clin. Exp. Dent.* **3**: e452-e455 (2011)
83) Morita *et al., J. Dairy Sci.* **94**: 2270-2279 (2011)
84) Kawasaki *et al., Milchwissenschaft* **48**: 191-196 (1993)
85) Thomä-Worringer e*t al., Int. Dairy J.* **16**: 1324-1333 (2006)
86) Gould, *J. Dairy Sci.* **28**: 379-386 (1945)
87) 祐川金次郎，Milk Protein pp.171-226, 酪農技術普及学会 (1971)
88) van Boelel, *Food Chem.* **62**: 403-441 (1998)
89) O'Brien & Morrissey, IDF Bulletin No.238: 53-61 (1989)
90) ISO18329/IDF193 (2004)
91) 田口ら，東洋食品研究所研究報告 **29**: 129-133 (2013)
92) 新本ら，日本食科工誌 **62**: 156-158 (2015)
93) 成田・熊崎，名古屋女子大紀要 **44**: 97-102 (1997)
94) 荒井 基，家政学誌 **24**: 95-98 (1973)
95) Singh, *NZ J. Dairy Sci. Technol.* **233**: 257-273 (1988)
96) Aoki *et al., J. Dairy Res.* **57**: 349-354 (1990)
97) Anema & Klostermeyer, *J. Agric. Food Chem.* **45**: 1108-1115 (1997)
98) Vasbinder & Kruif, *Int. Dairy J.* **13**: 669-677 (2003)
99) Donato *et al., Dairy Sci. Technol.* **89**: 3-29 (2009)
100) Pouliot *et al., J. Dairy Res.* **56**: 185-192 (1989)
101) van Boekei, *Int. Dairy J.* **9**: 237-241 (1999)
102) 浦島ら，ミルクサイエンス **53**: 81-100 (2004)
103) Messer & Urashima, *Trends Glycosci. Glycotechnol.* **14**: 153-176 (2002)
104) Kawasaki *et al., Mol. Biol. Evol.* **28**: 2053-2061 (2011)
105) Jollès *et al., Eur. J. Biochem.* **158**: 379-382 (1986)
106) Rapiz *et al., Nature* **324**: 383-385 (1986)
107) Kontopidis *et al., J. Dairy Sci.* **87**: 785-796 (2004)

2. 牛乳・乳製品と微生物

2.1 微生物の基礎

2.1.1 微生物の種類

微生物には多種類の生物が含まれ，特徴も多様である．細菌には形態により球菌（coccus），桿菌（baccilus）およびラセン状菌があり，それらの形態とグラム染色による染色（陽性／陰性）を図 2.1 に示す．グラム染色はグラム（Christian Gram）が開発した方法で，クリスタルバイオレッドで染色したとき，青色がグラム陽性菌，赤色がグラム陰性菌である．

グラム陽性菌は，細胞膜の外側が多糖類とペプチドから構成される厚いペプチドグリカン層で覆われ，脂質量が少ない．このため，物理的なストレスには強い反面，化学的ストレスには弱く，色素で染色されやすい．グラム陽性菌は芽胞を形成するものもあり，高温や乾燥に対する耐性が高い．

グラム陰性菌はペプチドグリカン層が薄く，脂質も多い．ペプチドグリカン層の外側は，リポ多糖類からなる外膜で覆われている．芽胞は形成せず，物理的ストレスには弱いが，化学的薬剤には耐性がある．そのため，グラム染色しても染色されにくい．

バチルス（Bacillus，枯草菌など）とクロストリディウム（Clostridium，ボツリヌス菌など）の芽胞形成はよく知られており，

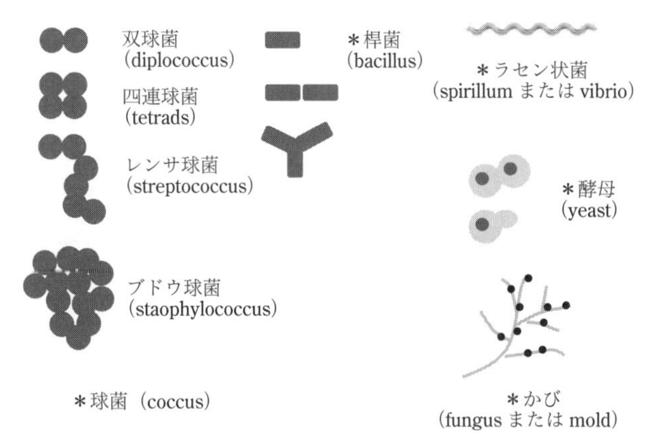

種類	形状	グラム染色	菌例
球菌	双球菌	陽性	ブドウ球菌，レンサ球菌 乳酸球菌（*Lactococcus*属）
	四連球菌		
	レンサ球菌	陰性	淋菌
	ブドウ球菌		
桿菌		陽性	乳酸桿菌（*Lactobaccilus*属） ビフィドバクテリウム （*Bifidobacteriumu*）
		陰性	大腸菌（*Escherichia coli*） サルモネラ（*Salmonella*）
ラセン状菌		陰性	ラセン状菌

図 2.1　細菌の形状とグラム染色

栄養成分欠乏，熱，乾燥など不利な環境から身を守る手段として芽胞を形成する．芽胞の状態では増殖できないが，環境条件が好転すると再び増殖する．通常の加熱殺菌や凍結乾燥などの処理を行っても生存するため，取り扱いには十分注意しなければならない．

2.1.2 細菌の生育に及ぼす因子

1) 栄　養

微生物の栄養源を表2.1に示す．生物のエネルギー源として光合成を利用するもの（光合成生物）と，化合物の酸化反応を利用するもの（化学栄養生物）がある．これらは炭素源に何を利用するかにより独立栄養生物（autotroph），および従属栄養生物（heterotroph）に分かれる．独立栄養生物は炭素源に炭酸ガスや炭酸塩などの無機炭素を，従属栄養生物はグルコースなどの有機物を利用する．窒素源としてはアンモニウム塩，硝酸塩などの無機窒素源およびアミノ酸やペプトンなど有機窒素源がある．無機窒素源は独立栄養生物，ならびに窒素同化可能な従属栄養生物の培養に用いられる．一方，有機窒素源としてはペプトン（peptone：たんぱく質の酵素分解物．一般的にはカゼインをパンクレアチンで分解したものが使われる），トリプトン（tryptone：カゼインのトリプシン分解物），カザミノ酸（casamino acid：カゼインの酸加水分解物）などが利用される．

表2.1　微生物の栄養源

エネルギー源	有機物 / 無機物	炭素源	名称
光合成	有機物	有機炭素	光合成有機従属栄養生物
		無機炭素	光合成有機独立栄養生物
	無機物	有機炭素	光合成無機従属栄養生物
		無機炭素	光合成無機独立栄養生物
化学合成	有機物	有機炭素	化学合成有機従属栄養生物
		無機炭素	化学合成有機独立栄養生物
	無機物	有機炭素	化学合成無機従属栄養生物
		無機炭素	化学合成無機独立栄養生物

2)　水分活性

微生物の生育には水が必要であり，水分量が減ると生育できない．微生物が利用できる水分を自由水（free water），たんぱく質や糖質と結合し，微生物が利用できない水を結合水（bound water）という．したがって，乾燥，塩漬けや砂糖漬けは．塩や砂糖が自由水と結びつくため，水分量が減少することにより微生物の生育を抑制することができる[1)]．

食品中の自由水の割合を示す指標を水分活性（water activity：a_w）という．ある温度における食品の蒸気圧を P，その温度における純水の蒸気圧を P_0 とすれば，

$$a_w = P/P_0 \tag{2-1}$$

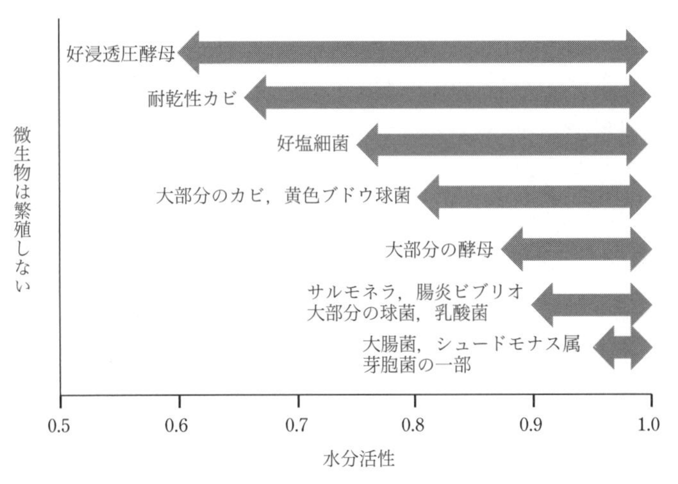

図 2.2　微生物の生育可能な水分活性
（文献 1）より作図）

で表される．図 2.2 には微生物の生育と水分活性の関係を示す[1]．菌の種類により生育可能な水分活性は異なるが，乳酸菌など通常の細菌は水分活性が 0.9 以下では生育できず，水分活性 0.5 以下ではどんな微生物も生育できない．

3) 温　度

微生物は生育可能な上限温度を超えると細胞内の DNA やたんぱく質が変性し，生育できなくなる．一方，細胞内の水が凍ると栄養物を取り込めなくなるため，死滅はしないものの生育もできない．ほとんどの細菌は 70℃以上の加熱で死滅するが，一部の細菌では 80℃以上の加熱でも生き残る場合がある．特に，芽胞を形成すると耐熱性が著しく高くなり，死滅させるためには 120℃で 30 分間以上処理する必要がある．

微生物の生育に適した温度を至適温度（optimum temperature）というが，微生物の種類により様々である．表 2.2 には微生物の生育温度帯を示す．低温で生育する菌も高温で生育する菌もあるた

表 2.2　生育温度による微生物の分類

細菌の分類	生育温度
好冷性細菌（好冷菌） (psychrophilic bacteria, cold-loving)	12～15℃，max 20℃，0℃でも生育可能
耐冷性細菌（耐冷菌） (psychrotrophic bacteria, cold-toletant)	20～30 ℃，冷蔵保存中も生育可能
中温性細菌（中温菌） (mesophilic bacteria)	10～50 ℃，至適温度は 30～35℃
高温性細菌（高温菌） (thermophilic bacteria, heat-loving)	37～70℃，至適温度は 55～65℃

め，発酵に利用する菌，あるいは汚染菌の生育温度帯を把握しておく必要がある．

微生物死滅の反応速度は，生残菌数を N，加熱時間を t とすれば，

$$dN/dt = -kN \qquad (2\text{-}2)$$

で表すことができる．ここで，k は死滅速度定数である．(2-2) 式を積分し，初発の菌数を N_0 とすれば，t 時間後の菌数 N_t は，

$$N_t = N_0 e^{-kt} \qquad (2\text{-}3)$$

または

$$\log N_t = \log N_0 - (k/2.303)t \qquad (2\text{-}4)$$

で表すことができる．式 (2-4) は直線であり，その傾きの逆数 2.303/k が D 値（decimal reduction time）である．D 値は生残菌数

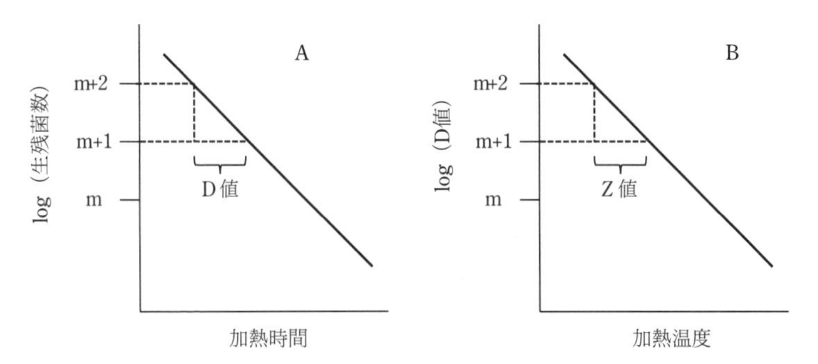

図 2.3　微生物の加熱処理

A：生残菌数と加熱時間　　B：D 値と加熱温度

菌数が 1/10 となる加熱時間が D 値，D 値を 1/10 にする加熱温度差が Z 値（文献 3) より改変作図）．

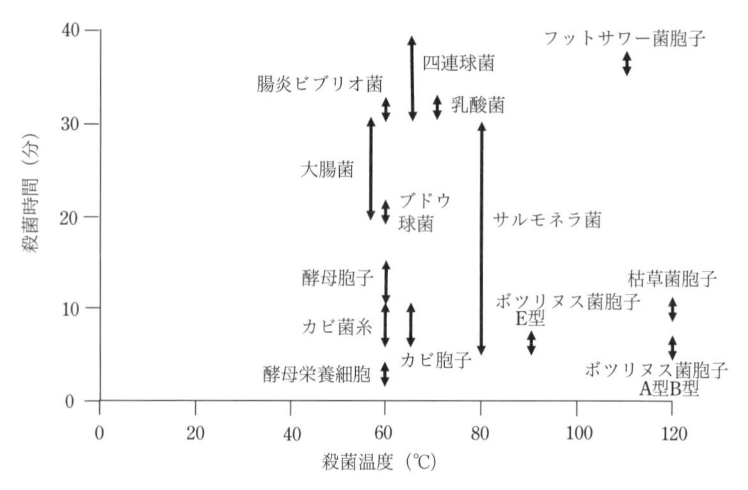

図 2.4 微生物の生育に及ぼす殺菌温度と殺菌時間の関係
（文献 4) より作図）

を 1/10 にする加熱時間であり，微生物の耐熱性に関する指標である（図 2.3A）．一方，D 値は殺菌温度と逆比例し，D 値を 1/10 低下させるのに必要な殺菌温度差を Z 値と呼び，加熱処理における

表 2.3 芽胞菌の殺菌温度および D 値

芽胞菌	温度（℃）	D 値（分）
セレウス菌（下痢型）	95	4.1 ± 4.5
セレウス菌（嘔吐型）	95	12.0 ± 11.4
ウェルシュ菌	90	3 ～ 15
	100	6
ボツリヌス菌	85	100
	95	4.4

文献 2) より抜粋作表.

温度依存性の指標となる[3]（図 2.3B）．図 2.4 は微生物の殺菌温度と殺菌時間の関係を示す[4]．一般的には 65℃ 30 分間の加熱により多くの微生物は死ぬが，100℃以上の加熱でも死滅しない菌もいるので注意が必要である（表 2.3）．

4） pH

自然環境は多くの場合 pH 5 ～ 9 程度であり，この pH 領域で生育する微生物が多い．牛乳も pH 6.5 ～ 6.8 付近なので，様々な細菌が生育しやすい．微生物の種類によっては広範囲の pH で生育可能である．図 2.5 には微生物の種類と生育 pH 範囲の関係を示す[5]．カビや酵母は pH 3 程度の環境でも生育する．乳酸菌を含む一般細菌は pH 5 以下になると生育できない場合が多い．そのため，ヨーグルトやチーズで使用するスターターも胃内で死滅し，生きたまま腸まで届く割合は少なくなる．いわゆるプロバイオティクス菌は，酸性下でも死滅せず腸管に到達することができる．

また，好アルカリ菌や抗酸菌はアルカリや酸性下でも死なないの

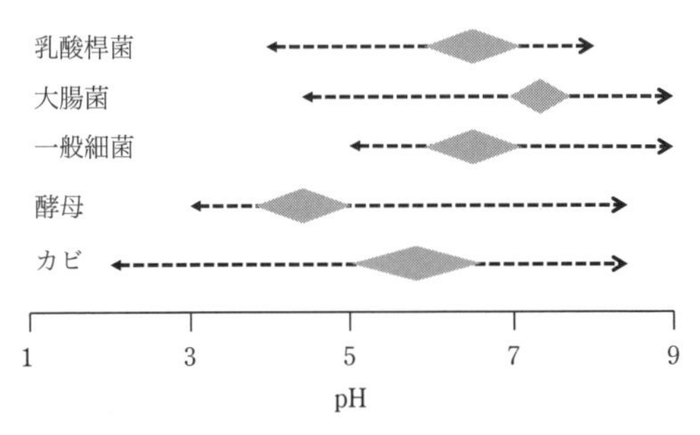

図 2.5　微生物が生育可能な pH 範囲
（文献 5）より作図）

で注意を要する．特に，細菌がバイオフィルム（biofilm：細菌が個体に付着しコロニーを形成したもの．菌体外多糖類を分泌し，多糖類が菌を保護する）を形成すると，酸，アルカリ，さらには熱にも耐性となるので，バイオフィルムを形成させないように日常的な洗浄殺菌が欠かせない．

5) 光

光合成細菌を除いて，細菌は直射日光に暴露されると死滅する．これは，紫外線が細胞内のDNAやたんぱく質に損傷を与えるためである．製造室入口に紫外線ランプを取り付け，室内の衛生環境を保つのに利用されるが，食品に直接紫外線を当てると酸化を促し，品質の劣化につながることから，食品の殺菌には用いられない．

6) 酸 素

微生物には酸素を利用してエネルギーを得る好気性菌と，酸素を必要としない嫌気性菌がいる．好気性菌はブドウ糖を酸化して二酸化炭素と水に分解し，ATPを得る．一方，嫌気性菌の場合はブドウ糖を発酵しエネルギーを得ている．また，酸素があればブドウ糖を酸化し，なければ発酵によりエネルギーを得るタイプもいる．これらを図2.6に示す．多くの微生物は酸素を利用してエネルギーを得ているので，酸素や空気を除去することで好気性菌の生育を抑えることができる．真空包装やガス置換包装，脱酸素剤などは好気性菌を抑えるために有効な手段である．一方，偏性嫌気性菌は空気に長時間暴露されると死滅する．腸管内は嫌気的なので，好気性菌は増殖できない．

偏性好気性菌　酸素を利用してエネルギー獲得
obligate aerobes
ブドウ糖$6O_2$+38ADP+38Pi → $6CO_2$+$6H_2O$+38ATP　(1)
例：緑膿菌，枯草菌，結核菌など

通性嫌気性菌（通性好気性菌）　酸素があれば(1)式でエネルギー獲得
facultative anaerobic bacteria　酸素がなければ発酵でエネルギー獲得
ブドウ糖 +2ADP+2Pi →2 乳酸+2ATP　(2)
ブドウ糖 +2ADP+2Pi →2 エタノール+$2CO_2$+2ATP　(3)
例：大腸菌，サルモネラ，酵母など

偏性嫌気性菌　酸素存在下で死滅
obligate anaerobes　(2)または(3)でエネルギー獲得
例：ビフィズス菌，クロストリジウムなど

図 2.6　微生物の生育と酸素要求性

2.1.3　細菌の増殖

図 2.7 に示すように，細菌は誘導期を経て対数的に増殖し，定常期に至る．定常期を過ぎれば死滅していく．通常の細菌は 2 個に分

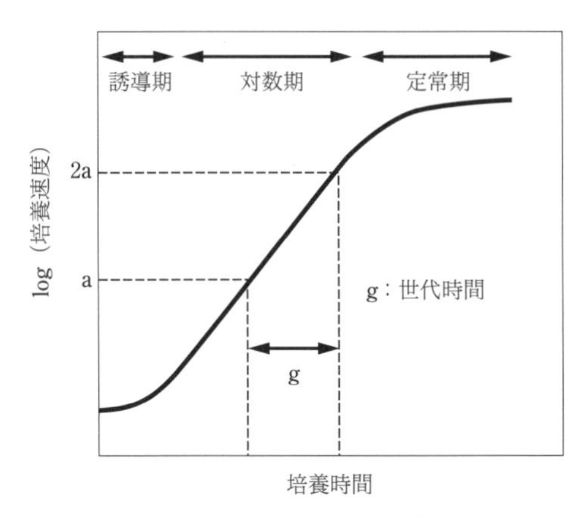

図 2.7　微生物の増殖曲線

裂することで増殖する．条件が適していれば20～30分間で分裂する．この分裂に要する時間を世代時間（generation time）という．初期の細菌数をN_0，x回分裂後の細菌数をNとすれば，

$$N = N_0 \times 2^x \tag{2-5}$$

世代時間をg分とすれば，t分後における分裂回数は

$$X = t/g \tag{2-6}$$

なので，（2-5）式は

$$N = N_0 \times 2^{t/g} \tag{2-7}$$

となる．例えば，細菌が1個/mLあった場合，世代時間を30分とすれば，10時間後には

$$N = 1 \times 2^{10/0.5} = 1{,}048{,}576$$

すなわち，10^6個/mLに増殖する．

2.2 乳 酸 菌

乳酸菌は人類にとって最も重要で有用な微生物である．乳はもちろん，野菜や肉を乳酸発酵させ，おいしさ，保存性，および栄養健康効果を高め，重要な食糧源として利用してきた．そればかりでなく，腸内を乳酸菌優勢な菌叢にすることで感染を防御，免疫を調整し，さらには乳糖を分解して乳を摂取しやすくしている．多種類の乳酸菌が自然界に生存しているが，本節では乳製品の製造に関連し

た乳酸菌の性質について解説する．

2.2.1 乳酸菌の定義

「乳酸菌（lactic acid bacterium）」は分類学上の地位を持った学名ではなく，慣用的な呼び方である．定義として，①形態が桿菌もしくは球菌であり，②グラム陽性，③カタラーゼ活性を持たない，④芽胞（内生胞子）を形成しない，⑤運動性がない（鞭毛を持たない），⑥ビタミンB群のうちナイアシンを必須とする，⑦消費したグルコースから50%以上の乳酸を生成する細菌とされている[6]．ビフィズス菌は厳密には乳酸菌ではないが，慣例的に乳酸菌の仲間として扱う場合もある．

2.2.2 乳酸菌の発酵形式

乳酸菌の発酵形式にはヘテロ型乳酸発酵，およびホモ乳酸菌発酵がある．これら発酵形式の代謝経路を図2.8に示す．ヘテロ型は，乳糖を細胞膜にあるパーミアーゼ（permease）により細胞内に取り込む．β-ガラクトシダーゼ（β-galactosidase）の働きでグルコースとガラクトースに分解され，グルコースはHMP経路（ヘキソースモノリン酸経路，hexose monophosphate）を経てグリセルアルデヒド3-リン酸とアセチルリン酸になる．前者から乳酸が生成され，後者からはエタノールと酢酸が生成する．一方，ガラクトースはルロワール経路（Leloir）を経てHMP経路に入る．ラクトバチルス デルブリュキー ブルガリクスやストレプトコックス サーモフィルスなどはヘテロ型乳酸菌である[7]．

ホモ型乳酸菌の場合，パーミアーゼにより取り込まれた乳糖がグルコースとガラクトースに分解された後，グルコースは解糖系を経てグリセルアルデヒド 3-リン酸から乳酸になる．ガラクトースはルロワール経路を経て解糖系に入り，乳酸を生成する．また，乳糖が細胞膜上で PEP/PTS（phosphoenolpyruvate-dependent phosphotransferase）によりリン酸化され，細胞内に取り込まれる．その後，タガトース経路（tagatose）を経て乳酸になる．ラクトコッカス ラクチスやラクトバチルス カゼイなどはホモ型の例である．

ラクトバチルス属にはホモ型とヘテロ型の菌が混在しており，複雑である．このため，同じ菌株でも条件により解糖経路のみを有する偏性ホモ型，HMP 経路のみを持つ偏性ヘテロ型，および両経路を持つ通性ヘテロ型の 3 通りがある[7]．発酵経路による乳酸菌の分

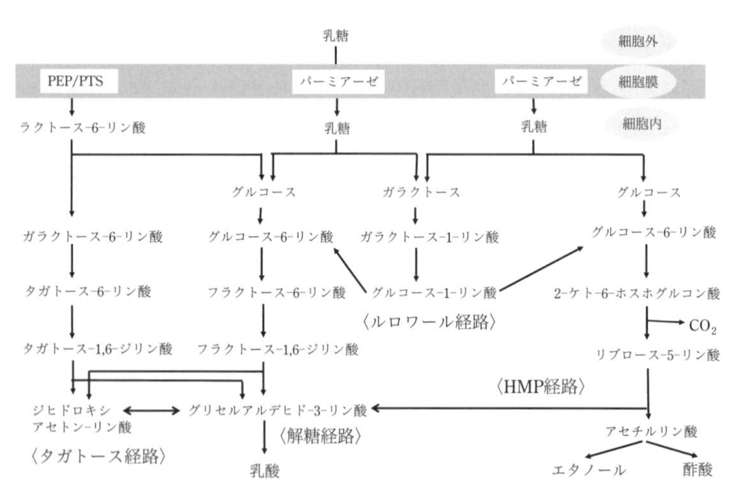

図 2.8 乳酸菌スターターの乳糖代謝経路

PEP/PTS: ホスホエノールピルビン酸依存性ホスホトランスフェラーゼ系，
HMP: ヘキソースモノリン酸（文献 7）より改変作図）．

表 2.4 発酵経路による乳酸菌の分類

	ホモ乳酸発酵	通性ヘテロ乳酸菌	ヘテロ乳酸発酵
桿菌	ラクトバチルス アシドフィルス ヘルベチカス デルブリュッキ ガセリ	ラクトバチルス プランタラム ラムノサス カゼイ パラカゼイ カルバタス	ラクトバチルス ブレビス ブーフナー ファーメンタム ロイテリ リンフランシセンシス
球菌	ラクトコッカス ストレプトコッカス エンテロコッカス テトラジェノコッカス バゴコッカス アエロコッカス ペディオコッカス		ロイコノストック メセンテロイデス オエノコッカス オエニ キタハラエ ワイセラ

文献 6) より.

類を表 2.4 に示す[6]．乳酸球菌では通性ヘテロ型はない．

2.2.3 乳製品に利用される乳酸菌

表 2.5 には，乳製品に使用されている主な乳酸菌および細菌を示す[7-9]．様々な乳酸菌が利用されているが，世界的にはさらに多数の菌が「食経験がある」菌としてリストアップされている[10]．これらは，①主として酸生成を目的とし，発酵乳やチーズ製造の基本的なスターターとして使われるもの，②菌体外多糖類を生産し，製品の物性（粘性，曳糸性など）を特徴づけることを目的に使われるもの，③製品に特徴的な味，香りなどを付与するために使われるもの，④製品に保健機能を付与するために使われるもの，さらには⑤環境中に存在し，製品中に混入することで特徴的な風味をもたらす

表 2.5 乳製品に利用される主な乳酸菌および細菌

菌属	菌種	用途
乳酸桿菌	ラクトバチルス　デルブリュッキー　ブルガリクス	発酵乳，乳酸菌飲料，チーズ
	ラクトバチルス　ヘルベティクス	発酵乳，乳酸菌飲料，チーズ
	ラクトバチルス　カゼイ	発酵乳，乳酸菌飲料，チーズ（アジャンクト）
	ラクトバチルス　パラカゼイ	発酵乳，乳酸菌飲料，チーズ（アジャンクト）
	ラクトバチルス　カゼイ　ラムノーサス	発酵乳，乳酸菌飲料，チーズ（アジャンクト）
	ラクトバチルス　アシドフィルス	発酵乳，乳酸菌飲料
	ラクトバチルス　ガセリ	発酵乳，乳酸菌飲料
	ラクトバチルス　クリスパチス	発酵乳，乳酸菌飲料
	ラクトバチルス　アミロボルス	発酵乳，乳酸菌飲料
	ラクトバチルス　ガリナルム	発酵乳，乳酸菌飲料
	ラクトバチルス　ジョンソニ	発酵乳，乳酸菌飲料
	ラクトバチルス　プランタルム（植物由来）	発酵乳，乳酸菌飲料，チーズ（アジャンクト）
	ラクトバチルス　ブレビス（植物由来）	発酵乳，乳酸菌飲料，チーズ（アジャンクト）
	ラクトバチルス　ブフネリ（植物由来）	発酵乳，乳酸菌飲料
乳酸球菌	ラクトコッカス　ラクチス　ラクチス	バター，チーズ，発酵乳，乳酸菌飲料
	ラクトコッカス　ラクチス　クレモリス	バター，チーズ，発酵乳，乳酸菌飲料
	ラクトコッカス・ラクチス サブスピーシーズ ラクチス ビオバール ディアセチラクチス	チーズ
	ストレプトコッカス　サーモフィルス	発酵乳，乳酸菌飲料
	ストレプトコッカス　フェシウム	発酵乳，チーズ
	エンテロコッカス　フェカリス	発酵乳，チーズ
ロイコノストック	ロイコノストック　メセンテロイデス　クレモリス	バター，チーズ，発酵乳
プロピオン酸菌	プロピオニバクテリウム - フロイデンライシイ　サブスピーシーズ　シェルマニー	エメンタールチーズ
リネンス菌	ブレビバクテリウム　リネス	ウォッシュタイプチーズ
ビフィズス菌	ビフィドバクテリウム　ビフィダム	発酵乳，乳酸菌飲料
	ビフィドバクテリウム　ロンガム	発酵乳，乳酸菌飲料
	ビフィドバクテリウム　ブレーベ	発酵乳，乳酸菌飲料
	ビフィドバクテリウム　インファンティス	発酵乳，乳酸菌飲料
	ビフィドバクテリウム　アドレッセンティス	発酵乳，乳酸菌飲料

文献 7–9) より作表.

乳酸菌（アジャンクトスターター）などが含まれる．

これらの菌は通常2種類以上を組み合わせて用いる．これは，それぞれの菌が持つ特性（風味，物性，保健機能）を利用し，あるいは共生関係にある菌を使い，単菌培養より培養効率を上げるためである．

2.2.4 たんぱく質の分解

牛乳中には豊富なたんぱく質が含まれるが，遊離アミノ酸は少ない．このため，乳酸菌が乳中で生育するためにはカゼインを分解して取り込まなければならない．乳酸菌のたんぱく質分解活性は必ずしも高くないが，生育に必要なアミノ酸を作り出すことはできる．

たんぱく質分解酵素には，たんぱく質を限定分解し一次構造を破壊（大きいペプチド産生）するエンドペプチダーゼ（endopeptidase），および一次構造が破壊され生成した大きいペプチドに作用して小さなペプチド（2～3個のアミノ酸から構成されるペプチド）や，遊離のアミノ酸を産生するエキソペプチダーゼ（exopeptidase）がある．エキソペプチダーゼは，主としてペプチドの末端からアミノ酸を逐次切り出す．カゼインはまずエンドペプチダーゼの働きで大きなペプチドとなる．これが小さなペプチドや遊離アミノ酸となり，細胞に取り込まれ，最終的にアミノ酸となり利用される（図2.9）．

なお，プロリンは通常，アミノ酸の一種として扱われるが，化学的にはアミノ酸ではなくイミノ酸である．乳酸菌が出すたんぱく質分解酵素の多くはイミノ酸を分解できない．カゼインはプロリンが多く，プロリンが多い部位は切断されにくい．このような特徴は，チーズ熟成に伴う風味形成と関連する[11]．

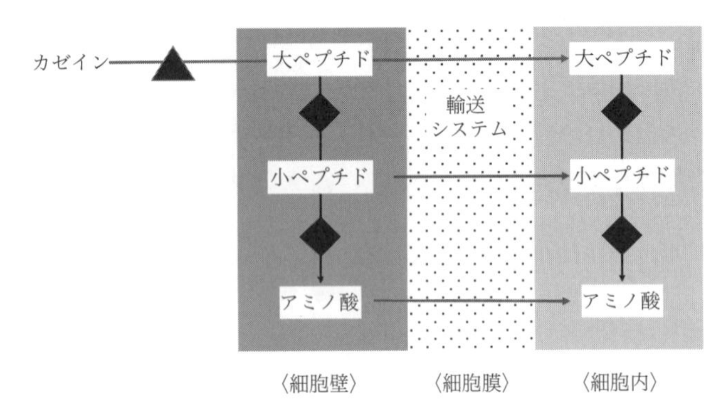

図 2.9 乳酸菌によるカゼインの分解と取り込み

2.2.5 クエン酸の発酵

ロイコノストック メセントロイテス クレモリスや，ラクトコッカス ラクチス ラクチスなどはクエン酸を発酵し，アセトアルデヒドやジアセチルを生成する[12]（図 2.10）．これらの香気成分は，ヨーグルトや発酵バターの香りを特徴づける重要な成分である．

2.2.6 脂肪の分解

発酵乳やチーズ製造に用いられる乳酸菌は，菌体外リパーゼも菌

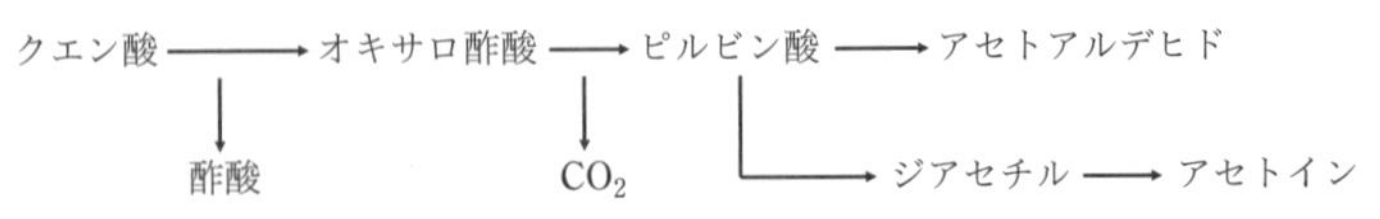

図 2.10 乳酸菌によるクエン酸からアセトアルデヒド，ジアセチル，アセトインの生成経路（文献 12）より作図）

体内リパーゼもほとんど産生しないものが多い[13]．一方，カビ類ではリパーゼ活性が高く，乳脂肪を脂肪酸に分解し，脂肪酸がβ酸化を受け，ペンタノン-2やヘプタノン-2など揮発性香気成分が生成する[14]．

2.2.7　菌体外多糖類（exopolysaccharide：EPS）[15]

乳酸菌の中にはEPSを産生するものが知られている．EPSには同一種類の単糖から構成されるホモ多糖と，異なる糖質で構成されるヘテロ多糖がある．グルコースが多数結合したEPSの代表がデキストランで，ロイコノストック メセンテロイデスが産生する．一方，ヘテロ多糖はグルコース，ガラクトース，ラムノース，N-アセチルグルコサミンなどから構成されるものが多い．

EPSは発酵乳の物性や組織に影響し，粘性や伸びる性質を与えるばかりでなく，離水を抑える目的でも使われる．さらに，免疫賦活作用，抗腫瘍活性，血清脂質改善などの保健効果があることが知られており，活発な研究が進められている．

2.2.8　乳製品に利用される乳酸菌以外の微生物[16]

乳製品には，乳酸菌のほかにもプロピオン酸菌，リネンス菌，カビおよび酵母が使われる．

1）プロピオン酸菌（*Propionibacterium freudenreichii* subsp. *shermanii*）

エメンタールチーズに乳酸菌と共に添加され，乳酸を分解して酢酸，プロピオン酸，および二酸化炭素を生成する．この二酸化炭素がエメンタールチーズ特有の穴（チーズアイ，cheese eye）を作る．チーズアイの生成には，わらの微粉末が核になっているという報告[17]がある．

2) リネンス菌（*Brevibacterium linens*）

ウォッシュタイプのチーズでは，リネンス菌の入った塩水や酒類でチーズ表面を洗う．リネンス菌はチーズ表面で繁殖し，特有の香りを放つ．最近では日本酒で洗う国産ウォッシュチーズも市販されている．

3) カビ類

カビは菌糸と胞子を形成して成長する．絶対好気性であり，生育には酸素が必要である．酸性でも生育し，たんぱく質や脂肪分解活性が高い．白カビ（*Penicillium camemberti*）と青カビ（*Penicillium roqueforti*）が主に使われている．

白カビは，白カビタイプのチーズの製造で乳に添加されるか，あるいは加塩後にチーズ表面に噴霧される．チーズ表面で生育し，たんぱく質を分解してとろけるような組織と独特な香りをもたらす．

青カビも乳に添加されるか，型詰め時に振りかける．青カビのリパーゼ活性は高く，メチルケトンなど特有の香気成分を産生する．生育には酸素が必要なので，チーズ内部にも酸素を与えるために穿孔が必須である．

2.2.9 スターター[18]

発酵乳製品に添加する乳酸菌をスターター（starter）という．文字通り，発酵を開始する最初の工程であり，発酵製品の物性，組織，風味を決める重要な因子である．そのため，乳中での生育能，酸生成能，組織形成能，香気生成能，保存中の生残性や酸生成などをベースに，複数の乳酸菌を混合して用いることが一般的である．スターターの調製は継代培養により段階的に活性を高め，最終的にバルクスターター（bulk starter）にしてから，原料に添加される．

スターターにはフレッシュカルチャー法および濃縮スターター法がある．

1） フレッシュカルチャー法

継代培養により段階的に活性を高めていく方法で，概要を図 2.11 に示す．乳業メーカーが独自に保管しているストックカルチャー（液体培養物，凍結品，あるいは凍結乾燥品）を試験管に入れた滅菌脱脂乳培地に添加して培養し，滅菌脱脂乳を入れた三角フラスコに移し，マザースターターを調製する．さらに，スケールを大きくしバルクスターターを調製する．マザースターターからバルクスターターに移す前に，中間的なスケールの中間スターターを調製する場合もある．マザースターターまでは単菌培養であるが，バルクスターターでは単菌培養した複数の乳酸菌を混合して培養する．

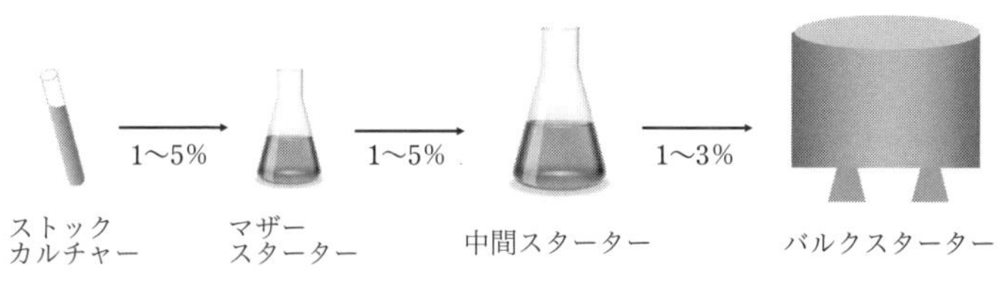

図 2.11 フレッシュカルチャー調製方法

この方法は，各メーカーが独自に保管している乳酸菌を利用することで他社との差別化が図れるメリットがある反面，煩雑な継代培養作業や培養設備が必要になるほか，適正な活性になるように培養するには熟練を要する．また，雑菌やファアージ汚染のリスクを避けられない．

2） 濃縮スターター法

フレッシュカルチャー法の問題を解決するために，凍結濃縮あるいは凍結乾燥したスターターが市販されている．これらをバルクスターターの調製，あるいは原料ミックスに直接添加する（DVI 法：direct vat inoculation，または DVS 法：direct vat set）．この方法を用いれば継代培養中に菌構成や活性が変化するリスクがないうえに，フレッシュカルチャー法に伴う煩雑な作業や設備が簡略化される．さらにいくつかのスターターをローテーションしながら使用することで，ファージ汚染のリスクも避けることができる．

2.2.10 ファージ対策[19)]

バクテリオファージ（bacteriophage，またはファージ）は乳酸菌などの細菌に感染するウィルスである．ファージに感染すると乳酸菌内にてファージが増殖，生菌数が低下し，酸生成能が低下する．その結果，製品の製造が不可能となるため，発酵製品の製造に携わる者が最も注意しなければならない点である．

ファージ汚染を防ぐためには，製造室，使用する設備や器具の洗浄殺菌を徹底し，製造室内のファージ濃度を常に低く保つことが基本である．また，ファージは同じ菌種でも菌株が異なると感染しない．したがって，乳酸菌カルチャーをローテーションしながら使うことが効果的である．

引 用 文 献

1) 日本食品分析センター，2, No.38: 1-3 (2003)
2) 日本食品分析センター，4, No.33: 1-3 (2014)
3) 松村 & 中田，生物工学 **89**: 739-743 (2011)
4) http://www.bacct.com/infomation/lecture/
5) http://www.toholab.co.jp/info/archive/1512/
6) 橋場　炎，チーズを科学する，チーズプロフェッショナル協会編，幸書房，pp.29-47 (2016)
7) 宮本　拓，現代チーズ学，斉藤ら編，食品資材研究会，pp.93-107 (2008)
8) 森地敏樹，http://www.nyusankin.or.jp/scientific/moriji_3.html
9) 佐々木，福井，ミルクの事典，上野川ら編，朝倉書店，pp.266-274 (2009)
10) IDF Bulletin no.377 (2002)
11) 井越敬司，チーズを科学する，チーズプロフェッショナル協会編，幸書房，pp.97-125 (2016)
12) Zcourari *et al*., *Lait* **72**: 1-34 (1992)
13) 中西ら，日畜会報 **35**: 173-177 (1964)
14) 中西，油化学 **14**: 683-686 (1965)
15) 森地敏樹，http://www.nyusankin.or.jp/scientific/moriji_4.html
16) 田中，現代チーズ学，斉藤ら編，食品資材研究会，pp.185-201 (2008)
17) Guggisberg *et al*., *Int. Dairy J*. **47**: 118-127 (2015)
18) 佐々木，福井，ミルクの事典，pp.266-274, 朝倉書店 (2009)
19) 石井　哲，ミルクの事典，上野川ら編，朝倉書店，pp.275-281 (2009)

3. 乳製品の製造

3.1 主な乳製品

図 3.1 には，生乳から現在製造されている主な乳製品を示す．「生乳（raw milk）」とは，搾乳後殺菌や均質化をしていない生の乳を意味する．生乳から遠心分離などの手段で脂肪を分離したものが「クリーム（cream）」，クリームをチャーニング（churning: 脂肪球を激しく攪拌し，脂肪球を破壊する操作）して得た脂肪粒がバターである．チャーニングの際に出てくる水相を「バターミルク」

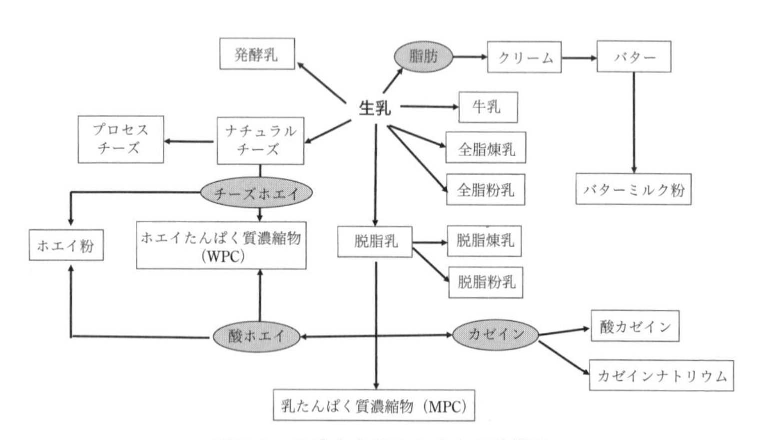

図 3.1 生乳から作られる主な乳製品
楕円で囲ったものは中間製品，四角で囲ったものは最終製品．

(butter milk) といい，これを乾燥したものがバターミルク粉である．

生乳を殺菌処理したものが牛乳（milk, あるいは cow's milk）であり，生乳から脂肪を除いたものが脱脂乳（skim milk）である．さらに, 牛乳あるいは脱脂乳を加熱濃縮したものが煉乳（condensed milk，あるいは evaporated milk）である．砂糖を加えて濃縮したものは加糖煉乳（sweetened condensed milk）と呼ぶ．

脱脂乳の pH を 20℃にて 4.6 に調整したときに沈殿する画分がカゼインであり，上清がホエイである．酸で沈殿したカゼインを酸カゼイン（acid casein）といい，酸カゼインを水酸化ナトリウムで中和し再溶解させ，これを乾燥したものをカゼインナトリウム（sodium casein）と呼ぶ．一方，ホエイ中はホエイたんぱく質のほか，乳糖，ミネラルおよびビタミン類を含む．このホエイをそのまま乾燥したものをホエイ粉（whey powder)，あるいは酸ホエイ粉という．

生乳，あるいは生乳に脱脂乳やホエイ粉を加えて，乳酸菌で発酵させたものが酸乳（sour milk）であり，発酵乳（fermented milk）と乳酸菌飲料に分類される（表 3.7 参照)．ヨーグルト（yogurt または yoghut）は発酵乳の一種である．生乳に乳酸菌および凝乳酵素を加えて得たカードがチーズ（cheese)，あるいはナチュラルチーズ（natural cheese）である．チーズは熟成させるもの，熟成させないものなど様々な種類がある．

これに対し，ナチュラルチーズ，あるいは複数のナチュラルチーズを混合し乳化したものをプロセスチーズ（process cheese，あるいは processed cheese）と呼ぶ．チーズカードを得たときに得られる上清もホエイであり，乾燥させたものはホエイ粉である．酸ホエイと区別するために，チーズから得られるホエイをチーズホエイ，あるいは甘性ホエイという．

脱脂乳を膜処理して乳糖，ミネラル，ビタミンなどを低減させたものを乳たんぱく質濃縮物（milk protein concentrate: MPC）という．ホエイも膜やイオン交換樹脂などを用いて，乳糖やミネラルを低減しホエイたんぱく質を濃縮することができる．ホエイたんぱく質を濃縮したものをホエイたんぱく質濃縮物（whey protein concentrate: WPC）と呼び，さらにたんぱく質濃度を高めたホエイたんぱく質分離物（whey protein isolate: WPI）も市販されている．

3.2 牛　　乳

3.2.1 牛乳の種類

表 3.1 に，平成 26 年 12 月 25 日に改正された乳等省令[1]から抜粋した牛乳類および乳飲料の規格を示す．牛乳類には，牛乳，特別牛乳，成分調整牛乳，低脂肪牛乳，無脂肪牛乳および加工乳があり，乳飲料は「乳製品」の中に分類されている．

牛乳の原料は生乳だけであり，他に何も加えたり除去したりすることはできない．ただし，蒸気を直接吹き込んで殺菌する「直接加熱殺菌」を行う場合は例外である．加熱殺菌は 63℃ 30 分間，またはこれと同等以上の殺菌効果を有する方法で加熱しなければならない．しかし，特別牛乳だけは，「特別牛乳搾取処理業」の許可を得ている施設で一貫生産する場合に限り，殺菌しなくても販売することができる．

表 3.1 牛乳の規格（比重：15℃）

種類	成分規格	細菌数	製造方法	保存方法
牛乳 ジャージー以外	SNF ≥ 8.0% 乳脂肪≥ 3.0% 比重≧ 1.028 乳酸酸度≤ 0.18%	大腸菌群：陰性 一般細菌数≤ 50,000	63℃，30 分間加熱殺菌，またはこれと同等以上の殺菌方法で加熱殺菌	殺菌後，直ちに 10℃以下で冷却保存．常温保存品は連続流動式加熱殺菌後，無菌容器に充填し，常温を超えない温度で保存．厚労大臣の許可を得たもの．
ジャージー	SNF ≥ 8.0% 乳脂肪≥ 3.0% 比重≧ 1.028 乳酸酸度≤ 0.20%			
特別牛乳 ジャージー以外	SNF ≥ 8.5% 乳脂肪≥ 3.3% 比重：1.028-1.034 乳酸酸度≤ 0.17%	大腸菌群：陰性 一般細菌数≤ 30,000	特別牛乳搾取処理業の許可を得た施設にて生乳を処理して製造． 殺菌する場合は，63 ～ 65℃，30 分間加熱殺菌	処理後，あるいは殺菌後ただちに 10℃以下に冷却して保存．
ジャージー	SNF ≥ 8.5% 乳脂肪≥ 3.3% 比重：1.028-1.036 乳酸酸度≤ 0.19%			
殺菌山羊乳	SNF ≥ 7.5% 乳脂肪≥ 2.5% 比重：1.030-1.034 乳酸酸度≤ 0.20%	大腸菌群：陰性 一般細菌数≤ 50,000	63℃，30 分間加熱殺菌，またはこれと同等以上の殺菌方法で加熱殺菌	殺菌後，直ちに 10℃以下で冷却保存．常温保存品は常温を超えない温度で保存．
成分調整牛乳	SNF ≥ 8.0% 乳酸酸度≤ 0.21%	大腸菌群：陰性 一般細菌数≤ 50,000	63℃，30 分間加熱殺菌，またはこれと同等以上の殺菌方法で加熱殺菌	殺菌後，直ちに 10℃以下で冷却保存．常温保存品は常温を超えない温度で保存．
低脂肪牛乳	SNF ≥ 8.0% 乳脂肪≥0.5～1.5% 比重：1.030-1.036 乳酸酸度≤ 0.18%	大腸菌群：陰性 一般細菌数≤ 50,000	63℃，30 分間加熱殺菌，またはこれと同等以上の殺菌方法で加熱殺菌	殺菌後，直ちに 10℃以下で冷却保存．常温保存品は常温を超えない温度で保存．
無脂肪牛乳	SNF ≥ 8.0% 乳脂肪 <0.5% 比重≧ 1.032 乳酸酸度≤ 0.21%	大腸菌群：陰性 一般細菌数≤ 50,000	63℃，30 分間加熱殺菌，またはこれと同等以上の殺菌方法で加熱殺菌	殺菌後，直ちに 10℃以下で冷却保存．常温保存品は常温を超えない温度で保存．
加工乳	SNF ≥ 8.0% 乳酸酸度≦ 0.18%	大腸菌群：陰性 一般細菌数≤ 50,000	63℃，30 分間加熱殺菌，またはこれと同等以上の殺菌方法で加熱殺菌	殺菌後，直ちに 10℃以下で冷却保存．常温保存品は常温を超えない温度で保存．
乳飲料		大腸菌群：陰性 一般細菌数≦ 30,000	62℃，30 分間加熱殺菌，またはこれと同等以上の殺菌方法で加熱殺菌	処理後，あるいは殺菌後ただちに 10℃以下に冷却して保存．但し，保存性のある容器に入れ，120℃ 4 分間加熱殺菌，またはこれと同等以上の殺菌効果を有する方法で加熱殺菌したものを除く．

文献 1) より抜粋．SNF: solids not-fat，無脂乳固形．

一方，生乳から脂肪やその他成分の一部を除去したものを「成分調整牛乳」といい，脂肪分の除去程度に応じて「低脂肪牛乳」および「無脂肪牛乳」がある．「加工乳」は牛乳を原料とした食品で，無脂乳固形分（solids not-fat: SNF）を 8.0％以上含むものをいう．

乳飲料は生乳，牛乳，あるいは特別牛乳を原料として製造された食品を主原料とした飲料で，乳等省令で定められた乳・乳製品以外のものをいう．全国飲用牛乳公正取引協議会は乳固形分が 3.0％以上と定めている[2]．

3.2.2 牛乳の一般的な製造工程

1） 受入検査および清澄化

図 3.2 に牛乳の一般的な製造工程を示す[3]．牧場にて個々の牛から搾乳された生乳は衛生的な状態でタンクに集め（合乳）冷却され，タンクローリーで工場に運搬される．タンクローリーは計量

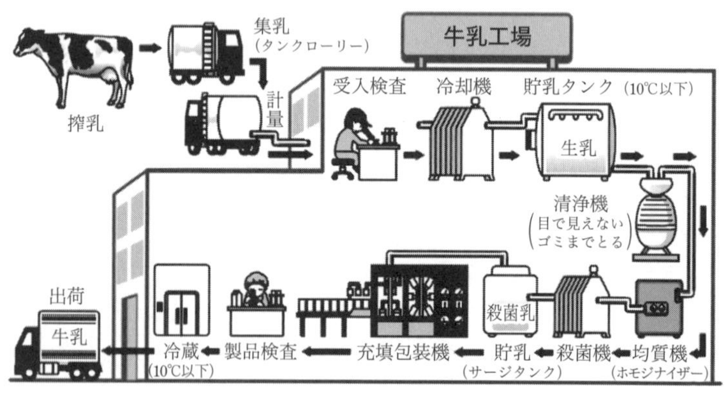

図 3.2 牛乳の一般的な製造工程（文献 3）より）

後，生乳をパイプで貯乳タンクへ送る．空になったタンクローリーは再び計量し，差し引きから乳量を求める．次いで，様々な検査(受入検査）を行い，合格した生乳は冷却され貯乳タンクに送られる．受入検査は生乳に異常がないか，品質基準を合格しているかを調べることが主な目的である（表3.2)．アルコール検査は生乳と70％アルコールを1：1で混ぜ，凝固の有無を調べる．ここで，凝固が生じたものは不合格となる．アルコール検査で凝固が出る原因は2種類ある．第一は高酸度乳（乳酸酸度＞0.18％）（表3.1参照）で，細菌により乳酸が増え，その結果，カゼイン中のリン酸カルシウムが一部遊離し不安定となり，アルコールにより脱水が起こり，すなわちカゼインミセルの水和が減る．するとカゼインミセルに働く安定化作用（Fs）が低下し，凝集しやすくなる（1.4.3項4)

表3.2　受入検査

検査の種類	検査の目的	基準
乳の温度	輸送時の温度チェック	10℃以下（通常7℃以下）
風味検査	異風味がないことの確認	異常なし
微生物検査	乳が衛生的に搾乳，保管，集乳されたことのチェック	大腸菌群：陰性 一般細菌数：≦ 50,000
アルコール検査	たんぱく質の安定性検査	異常なし
比重検査	水などの混入がないことのチェック	15℃にて1.028以上．乳等省令が定める数値
酸度	腐敗，変質がないことのチェック	乳酸酸度≤ 0.18%，乳等省令で定める数値
乳成分	品質チェック	乳脂肪≥ 3.0%，SNF ≥ 8.0%
抗生物質検査	抗菌物質の混入がないことのチェック	陰性

参照，図 1.34）．一方，酸度が 0.18％未満であってもアルコール検査で凝固が生じる場合がある．これは，牛の飼育環境（気候，騒音など），疾病（乳房炎など），ホルモン異常，あるいは飼料などが影響していると考えられているが，詳しいことは不明である[4]．表 3.2 に示した項目以外にも，牛が乳房炎など疾病にかかっていないかを調べるために体細胞数を測定することがある．受入検査については中央酪農会議[5] や J-Milk[6] から詳しい資料を入手することができる．

受入検査における成分分析は，メーカーが支払う乳価に影響する．メーカーは，基準となる成分で定められた乳価に，基準成分値を超えた分の価格を上乗せして支払う[7]．受入検査に合格した生乳は冷却後，遠心分離機（クラリファイヤー，clarifier）によりゴミや体細胞など目に見えない異物を取り除く．

2） 均質化

清澄化された生乳は，加温した後に均質機（ホモゲナイザー）に送られる．均質化の目的は脂肪球の粒径を細かくし，クリーミング（1.2.8 項参照）を防ぐためである．狭い間隙に生乳を通過させ，脂肪球を細分化する（図 3.3）．均質化により脂肪は安定に分布し，脂肪率が一定な製品を製造できるようになる．均質圧力は脂肪球径に影響し，脂肪球径が小さくなると薄い味となり，脂肪球径が大きいと濃厚な味となる[8]．牧場で搾りたての牛乳を飲むと濃厚なおいしさを感じるが，均質化していないためと考えられる．

これに対し，均質化を行わない牛乳（ノンホモ牛乳）も市販されている．ノンホモ牛乳は保存中，あるいは流通過程で脂肪球が浮上し，製品上部にクリーム層が形成される．この層を「クリームライ

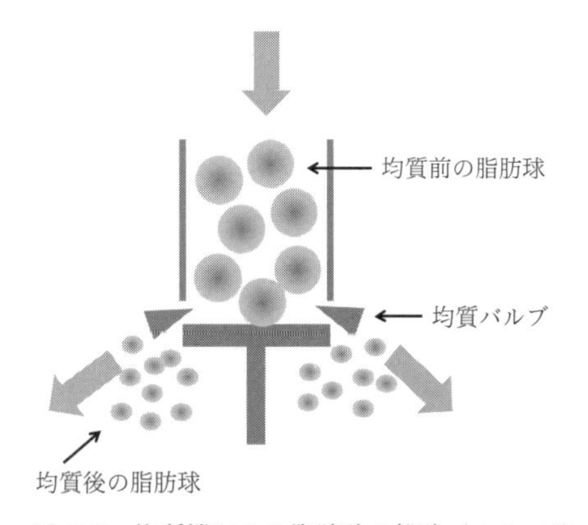

図 3.3　均質機による脂肪球の粉砕（イメージ）
均質バルブにより作り出される細孔に大きな脂肪球を通し，細かい脂肪球にする.

ン」といい，製品中に生じる脂肪濃度の勾配による味の変化を楽しむことができる.

3）殺　菌

生乳の殺菌は「特別牛乳」を除いて，乳等省令により 63℃にて 30 分間，またはこれと同等以上の殺菌効果を有する方法で加熱することが定められている（表 3.1）．一般的に 63℃ 30 分間の加熱殺菌を低温保持殺菌（low temperature long time: LTLT）法と呼ぶ．その他, 72℃以上で連続的に 15 秒間殺菌する高温短時間殺菌（high temperature short time: HTST）法，120 ～ 140℃で連続的に 1 ～ 3 秒間加熱殺菌する超高温（ultra high temperature: UHT）殺菌法が行われている（表 3.3）．牛乳の常温保存を目的とする場合は UHT 加熱を数秒間行い，無菌的に充填する（UHT 滅菌）.

殺菌方法により牛乳の風味は異なり，加熱温度が高い UHT では

表 3.3 乳業における加熱殺菌処理

処理	温度（℃）	時間
サーミゼーション	63-65	15 秒
LTLT 殺菌	63	30 分
HTST 殺菌	72-75	15-20 秒
UHT 殺菌	120-140	1-3 秒
UHT 滅菌	135-140	数秒

サーミゼーション：微生物の生育をある程度抑制するための予備加熱．ヨーロッパでチーズ製造時に行われる場合があるが，日本では行われない．

濃厚感が強く，LTLT および HTST 殺菌ではさっぱりした感じが強くなる傾向がある[9]．日本では UHT 殺菌が主流であり，日本人の主婦 150 名で行った嗜好調査の結果では，多くの方が UHT 殺菌乳を好む傾向にあった[9]．また，東京と札幌で実施された官能評価においても，UHT 殺菌乳が他の殺菌方法で製造された牛乳よりおいしいと評価された[10]．しかし，殺菌方法と牛乳の風味に関しては様々な議論があり，自分の好みに合った牛乳を選べばよい．

UHT 殺菌機には間接加熱法（indirect heating process）および直接加熱法（direct heating process）がある．間接加熱は，牛乳と熱水が伝熱プレートを介して熱交換し，次いで加熱された牛乳と冷却水がプレートを介して冷却される方法[3]で，日本では最も主流となっている（図 3.4）．直接加熱法は牛乳と蒸気を直接接触させ瞬間的に加熱殺菌し，殺菌後，減圧装置で瞬間的に冷却する方法である．殺菌効果は間接殺菌と同じであるが，昇温と冷却時間が間接加熱法より短く，加熱の影響が少ない．直接加熱法には，牛乳中に蒸

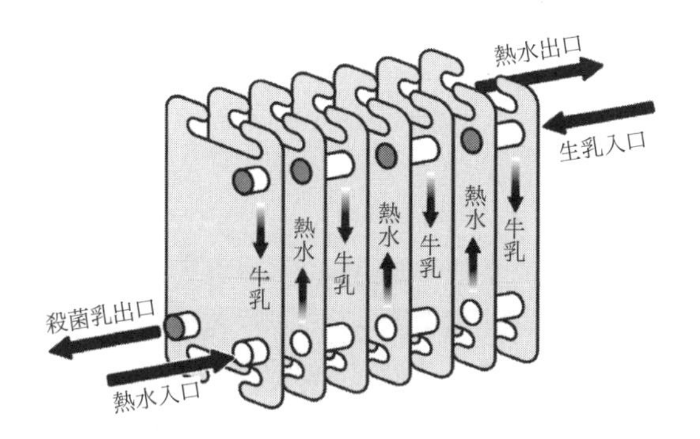

図 3.4　熱交換機中の牛乳と熱媒体の流れ（イメージ図）（文献 3) より）

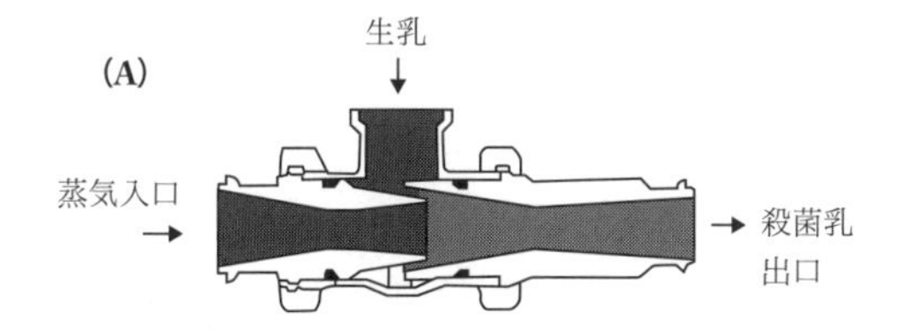

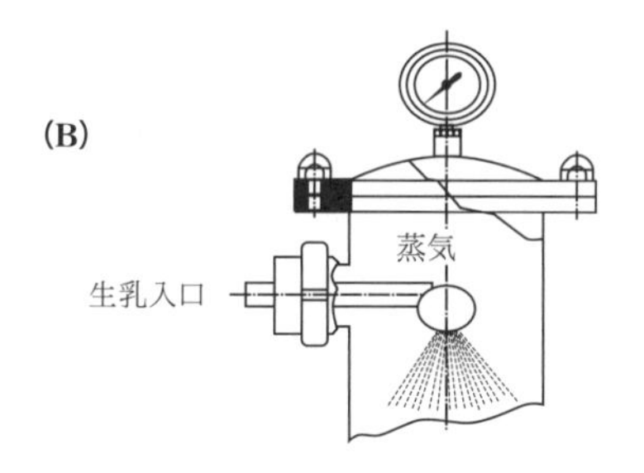

図 3.5　スチームインジェクション（A）およびスチームインフュージョン（B）による直接殺菌概念図（文献 10) より作図）

気を直接噴出させるスチームインジェクション法（steam injection）と，蒸気中に牛乳を噴霧するスチームインフュージョン法（steam infusion）がある[11]（図 3.5）．

4） 充填・包装

殺菌・冷却された牛乳は，貯乳タンク（サージタンク：surge tank）に貯乳された後に充填機にて容器に充填され，賞味期限を刻印し冷蔵庫に保管される．この間に出荷検査を行い，検査に合格すると出荷される．出荷検査は，表 3.1 に示した成分および微生物規格を満たしていなければならない．一般的には，乳業メーカーでは乳等省令に定められた規格より厳しい社内出荷基準を設けており，風味，異物，成分，細菌，表示，賞味期限の刻印，その他必要な検査を実施している．

牛乳の容器には，主としてガラスびんと紙容器が使われている．びんは再利用をするため使用後に回収される．回収されたびんは洗瓶機で洗浄・殺菌され，破損びん，傷びん，他社びんなどを除去した後に，牛乳を充填する．びんは透明性や保香性に優れ，リサイクルを前提にしたリターナブルびんではあるが，容器重量が重く，回収びんの洗浄・殺菌などの手間がかかるうえ，都市部工場では早朝にびんが触れ合う騒音苦情もあり，次第にびん装ラインは減少した．現在はびんの厚さを薄くし，表面に樹脂コーティングした軽量びんが使われるようになった[12]．軽量びんは傷がつきにくいうえに，輸送コストが通常のびんより安いというメリットもある．

紙容器としてはテトラ型（三角錐：tetra），ゲーブルトップ型（屋根：gable top）およびブリック型（レンガ：brick）（図 3.6）が

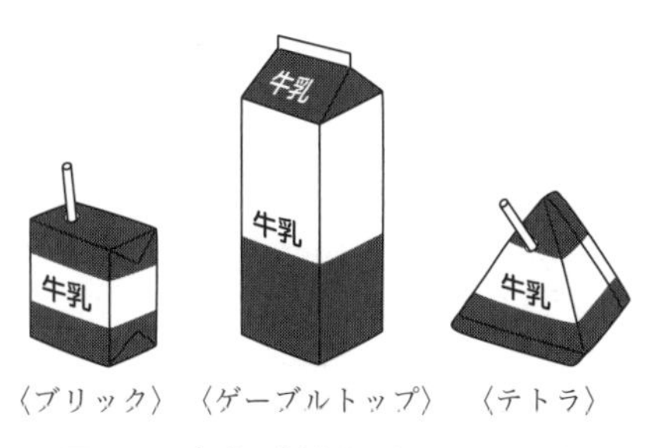

図 3.6 牛乳の紙容器（文献 13) より）

用いられている[13)]．紙容器は両面にポリエチレン樹脂（PE）をラミネートした合成樹脂加工紙が用いられ，チルドタイプには PE/紙 /PE，常温流通タイプでは PE/ 紙 /PE/ アルミ箔 /PE の構成が主流である[12)]．紙容器はワンウェイでありリターナブルではないが，リサイクルシステムが一般化し，2013 年の回収率は 44.6％と報告されている[14)]．

ちなみに，牛乳のゲーブルトップには開け口の反対側に切り込みが付いている．これは業界の自主基準により，目が不自由な方に牛乳であることが識別できるように，半円状の切り込みを付けることにしているためである[15)]．500 mL 以上のゲーブルトップが対象となり，牛乳以外のゲーブルトップには切り込みはない．

牛乳をペットボトル（poly ethylene terephthalate: PET）に充填して販売することが 2007 年に認可された[16)]．これに伴い業界の自主基準[17)]も設定されたが，PET 入り牛乳はコストに見合う機能性を発揮させるにあたっての課題が多い．この理由は，飲み残した牛乳入り PET をリキャップして持ち歩くことが可能になると微生物リスクが懸念され，衛生上の品質を保証することが難しくなるためである．このため，自主基準では，一度の飲みきり容量として350 mL以下の容量，もしくは常温で持ち運ぶことなく，開栓後は冷蔵保存される720 mL以上の容量を基本としている[12]．

5) 賞味期限の長い牛乳

表3.4に，各種牛乳の消費期限あるいは賞味期限の目安を示す．牛乳の賞味期限は残存している細菌数，風味などにより各メーカーが社内基準に則り定めている．賞味期限を過ぎても未開封で，かつ冷蔵保存していれば必ずしも飲めないわけではない．しかし，メーカーは賞味期限を過ぎた商品の飲用は勧めていない．

ESL（extended shelf life）牛乳の殺菌条件はUHT殺菌と同じだが，様々な工夫により賞味期限を2週間程度延ばした製品である．工夫の第一は，牧場における徹底した衛生管理である．牛を健康的に育て，衛生的に搾乳，保管する．第二は，メーカーにおける除菌である．殺菌に先立って遠心分離機や精密ろ過膜を利用した除菌が行われる．第三が，充填・包装工程における汚染菌混入防止である．生乳から販売に至るまで徹底的な衛生管理が求められ，洗浄性，殺菌性，二次汚染防止などに留意した設備で生産される[18]．

ロングライフ（long life: LL）牛乳は，UHT殺菌では死滅しない

表3.4 牛乳の消費期限および賞味期限のめど

牛乳	保存	賞味／消費期限
低温殺菌牛乳	10℃以下	5日程度（消費期限）
UHT牛乳	10℃以下	8日程度（賞味期限）
ESL牛乳	10℃以下	13日程度（賞味期限）
LL牛乳	室温	60日程度（賞味期限）

芽胞菌などを死滅させるために必要な高温加熱（表3.3）を行い，商業的無菌（実用的に無菌と考えて差し支えない状態）としたものである．そのために，ESL牛乳と同様に衛生的な搾乳，受け入れた生乳の除菌を行うほか，充填・包装工程も無菌的（aseptic）に行う．殺菌後は無菌タンクに貯乳され，無菌充填機により充填される．容器は，裏側にアルミニウム層を貼ったブリック型容器に密封される．これにより常温流通が可能となり，賞味期限も約60日とすることが可能である．ただし，開封後は普通の牛乳と同様に冷蔵庫で保管しなければならない．日常的にLL牛乳を利用することは少ないが，災害などにより冷蔵設備が使えない事態では，LL牛乳が被災者の栄養健康維持に不可欠となる．

3.3 バ タ ー

3.3.1 バターの種類

バターの規格を表3.5に示す．脂肪分を低減したり，シーズニングや乾燥果実などを練りこんだものは乳主原（「乳または乳製品を主要原料とする食品」）に分類され，バターとは呼べない．食塩の添加，発酵の有無，形状など様々な種類がある（表3.6）．バターは，歴史的には酸乳からクリームを分離して作っていた．このため，現在でも発酵バターがヨーロッパの主流となっている．一方，日本では生乳から遠心分離によりクリームを得て，そこからバターを作ったため非発酵バター（甘性バターとも呼ぶ）が主流となっている．

表 3.5 乳脂肪乳（クリーム，バター，バターオイル）の規格

種類	成分規格	細菌数	製造方法	保存方法
クリーム	乳脂肪≥18.0% 乳酸酸度≤ 0.20%	大腸菌群： 陰性 一般細菌数≤ 100,000	63℃，30分間加熱殺菌，またはこれと同等以上の殺菌方法で加熱殺菌． 生乳，牛乳，特別牛乳から乳脂肪分以外の成分を除去したもの．	殺菌後，直ちに10℃以下で冷却保存． 但し，保存性のある容器に入れ，かつ殺菌したものはこの限りではない．
バター	乳脂肪≥80.0% 水分≦17.0%	大腸菌群： 陰性	生乳，牛乳，特別牛乳から得られた脂肪粒を練圧したもの．	
バターオイル	乳脂肪≥99.3% 水分≦0.5%	大腸菌群： 陰性	バターまたはクリームからほとんどすべての乳脂肪分以外の成分を除去したもの．	

3.3.2 バターの製造[19]

図3.7にバターの一般的な製造工程を示す[3]．生乳を40～65℃に加温し，クリームセパレーター（cream separator：遠心分離機の一種）で脂肪率35～40%のクリームを得る．これを加熱殺菌し，乳中の脂肪分解酵素（リパーゼ）を失活させる．リパーゼ活性が残存していると保存中に脂肪が分解され，不快な臭い（ランシッド：rancid）を発することがある．冷却後，低温下にて8～12時間保持する．この操作をエージング（aging）という．エージングでは脂肪球を十分に結晶化させる必要があり，結晶化により組織が安定する．エージング温度は夏場はやや低め（5～8℃），冬場はやや高め（7～11℃）に調整するのが一般的である．

表 3.6　バターの種類

分類	名称	特徴
食塩	無塩バター	食塩が添加されていない．製菓，調理用
	有塩バター	食塩が添加（1.5% 程度）されている．風味がよく，主として家庭用
製法	非発酵バター	乳酸菌発酵させていない通常のバター．日本では主流
	発酵バター	乳酸菌で発酵させたクリームから製造したバター．特有の芳香がありヨーロッパでは主流
形状	ポンドバター	1 ポンド（450g）のポピュラーなタイプ．家庭用には 225g が主流
	バラバター	大型の業務用ブロックタイプ
	ポーションバター	個人用として小包装されたもの
	シートバター	パイやペーストリー用に板状整形されたもの
	ホイップドバター	窒素ガスを吹き込んで，オーバーランを調整したもの．展延性に優れる
	カットバター	あらかじめ使いやすい大きさに切れ目が入っているもの．主に家庭用
	無水バター脂肪	乳脂肪≧ 99.5% のバターオイル．製菓原料，アイスクリーム原料などに用いられる．また，乳脂肪≧ 99.8% のものを無水乳脂肪（anhydrous milk fat: AMF）という

次いで，バター製造工程で最も重要なチャーニング（churning）を行う．チャーニングは，クリームを激しく撹拌することで脂肪球被膜（1.2.6 項参照）を損傷させ，脂肪球内部の液体脂肪を脂肪球から染み出させ，脂肪球を凝集させる操作である．クリームを 10 ～ 13℃に加温し，物理的衝撃を与えて脂肪凝集を起こさせ，バター粒を作る．バター粒のサイズは一般的に大豆粒程度に調整されるこ

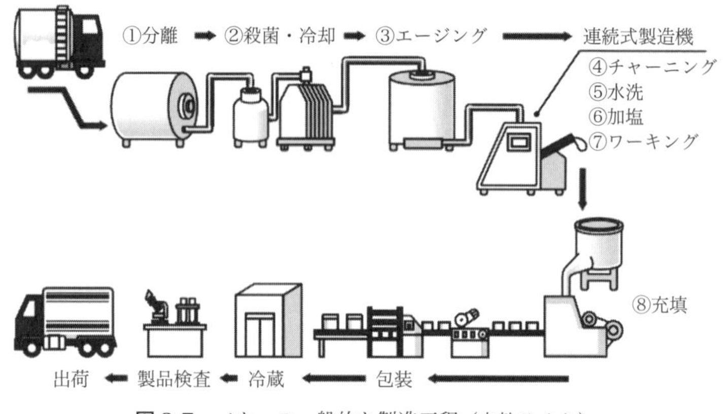

図 3.7 バターの一般的な製造工程（文献 3) より）

とが多い．チャーニングは季節，脂肪率，エージング温度や時間により微妙に異なるため，熟練した担当者がクリーム温度やチャーニング条件を調整する．W/O エマルジョンであるクリームが O/W エマルジョンに相転換される（図 1.8）結果，バター粒とそれ以外の成分に分かれ，液性部分をバターミルクという．チャーニングはバッチ式で行う方式と，連続的に行う方式がある．図 3.7 は連続式製法の流れを示している．

バター粒を水洗しバターミルクを除去したら，食塩を加える（無塩バターでは食塩は加えない）．さらに，バター粒を練り，均一な組織にする．この操作をワーキング（working）という．ワーキングにより余分な水分を排出し，組織を滑らかにする．出来上がったバターを充填し，出荷検査を行う．

発酵バターは，クリームに乳酸菌を添加して発酵させる方法と，チャーニング時に発酵液を添加する方法がある．前者の方が優れた芳香を有しているが，生産効率は悪い．一方，後者は生産効率は高いが，芳香がやや弱いという特徴がある．

3.3.3 バター特性の季節変動[20]

乳脂肪の脂肪酸組成は，牛に与える飼料の影響を受けやすい．図3.8にはバターの飽和脂肪酸，不飽和脂肪酸，およびヨウ素価の季節変動を示す．青草を豊富に食べる夏季には不飽和脂肪酸であるオレイン酸の割合が高く，配合飼料を食べる冬季は飽和脂肪酸であるパルミチン酸の割合が高くなる．飽和脂肪酸は融点が高く，不飽和脂肪酸は低い（表1.9）．このため，夏季に製造したバターは軟らかく，冬季には硬くなる傾向にある．また，夏季の乳にはカロテンが多く，冬季には少ない．したがって，夏季に製造したバターは黄色の色調が強く，冬季には黄色の色調が弱くなる．

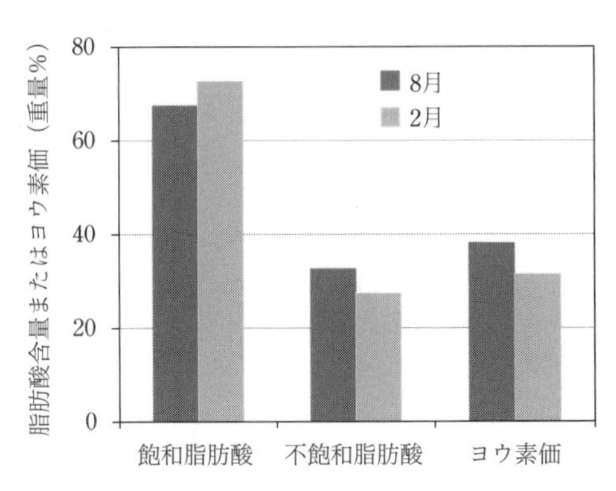

図3.8 バター中の脂肪酸含量およびヨウ素価の季節変動（文献20）より作図）

3.3.4 乳脂肪の改質[20]

バターの最大の欠点は，硬くてパンなどに塗りにくい点である．そこで，軟らかいバターを製造する試みが行われている．

1) 分別乳脂肪の利用

トリグリセリドの融点の違いを利用して乳脂肪を分別し，融点の異なるバター脂を得る．軟らかいバターとするには低融点バター脂の利用が望ましい．

2) 飼料による改質

バターは夏場の方が軟らかく，これは季節により飼料が異なるためである．そのため，不飽和脂肪酸に富む植物油脂（サフラワー油やヒマワリ油）をカゼインでコーティングし，牛の胃内にて水素添加反応を起こしにくくすることで，乳脂肪中の不飽和脂肪酸量を増やす方法がある．しかし，不飽和脂肪酸含量が増えると酸化しやすく，風味に影響する場合がある．

3) コレステロール低減バター

日本人のバター摂取量からすればコレステロール摂取量は少なく，食事摂取基準においても従来はコレステロールの摂取上限量が記載されていたが，2015年版からは削除された．しかし，欧米においては依然としてコレステロールの過剰摂取を気にする傾向があり，コレステロール低減バターへの関心は高い．

コレステロールを低減させる試みは古くからあり，様々な工夫がなされてきた．代表的なものは，蒸留によりコレステロールを除去する方法，超臨界ガスによる抽出，微生物を用いてコレステロールを他の物質に変換させる方法，サイクロデキストリンを用いてコレステロールと複合体を形成させる方法などが検討されている．しかし，コレステロールの除去とともにバターの香りもまた失われる．さらに，微生物により変換された物質の安全性を確認したり，あるいはコストが高く実用的ではないことなどがあり，今後解決すべき課題は多い．

3.4 発　酵　乳

3.4.1 発酵乳および乳酸菌飲料の規格

表 3.7 に発酵乳および乳酸菌飲料の規格を示す．発酵乳は無脂乳固形分が 8.0％以上，乳酸菌飲料のそれは 3.0％以上である．ともに乳酸菌または酵母の生菌数が 10^7 個 /mL 以上なければならないが，殺菌タイプの乳酸菌飲料は 10^7 個 /mL 未満でもよい．スターターは乳酸菌または酵母である．酵母を使用するケフィアも発酵乳に含まれる．国際的には，主としてラクトバチルス ブルガリカス菌とストレプトコッカス サーモフィラス菌を用いて発酵させたものをヨーグルトとしている．したがって，発酵乳はヨーグルトとケフィアを含んだ呼び方である．

なお，はっ酵乳・乳酸菌飲料の表示に関する公正競争規約には，容器に名称として「はっ酵乳」と記載することが決められている．このため，発酵乳商品には必ず「はっ酵乳」と書いてある．一方，乳等省令には「発酵乳」と記載されている．本書では，乳等省令に従って「発酵乳」を用いる．

表 3.7 発酵乳の規格

種類	成分規格	細菌数	製造方法
発酵乳	SNF ≥ 8.0%	大腸菌群：陰性 乳酸菌または酵母≥ 10^7/mL	乳またはこれと同等以上の無脂乳固形分を含む乳等を乳酸菌または酵母で発酵させ，糊状，液状，またはこれらを凍結させる． 乳酸菌，酵母，発酵乳および乳酸菌飲料を除く原料を，63℃ 30 分間加熱殺菌，またはこれと同等以上の殺菌方法で加熱殺菌． 発酵乳の原水は飲用適の水．
乳酸菌飲料	SNF ≥ 3.0%	大腸菌群：陰性 乳酸菌または酵母≥ 10^7/mL．但し，発酵後 75℃以上で 15 分間加熱するか，これと同等以上の加熱殺菌はこの限りではない	乳等を乳酸菌または酵母で発酵させたものを加工し，または主要原料とした発酵乳以外の飲料． 原液の製造に用いる原料（乳酸菌および酵母は除く）は 62℃で 30 分間加熱殺菌するか，これと同等以上の加熱殺菌を行う． 原液は飲用適の水を用いる．原液を薄めるための水等は，使用直前に 5 分間以上煮沸するか，これと同等以上の効力を有する殺菌を行う．

文献 1) より抜粋．SNF: solids not-fat 無脂乳固形．

3.4.2 発酵乳の種類と製造法

発酵乳の一般的な製造法は，前発酵方式（図 3.9）と後発酵方式（図 3.10）に分けられる[21]．前発酵方式では原料を発酵後，容器に充填する．「飲むヨーグルト」では，発酵により生成したカードを均質化し，壊してから充填する．フローズンヨーグルトはアイスクリームと同じように，フリージング後に充填し，急速凍結する．後発酵方式は原料を殺菌後，乳酸菌を添加し，カードが生成する前に充填，発酵室にて発酵後，冷却保存する．プレーンヨーグルトの原料は乳および乳製品だけであり，砂糖や安定剤は添加されていな

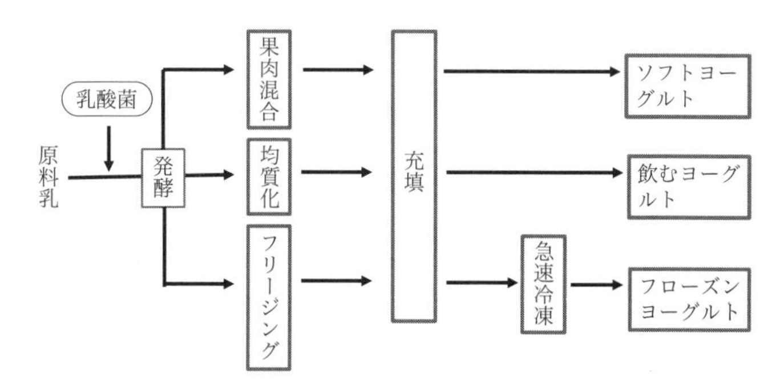

図 3.9 ヨーグルトの製造工程（前発酵タイプ）（文献 21) より）

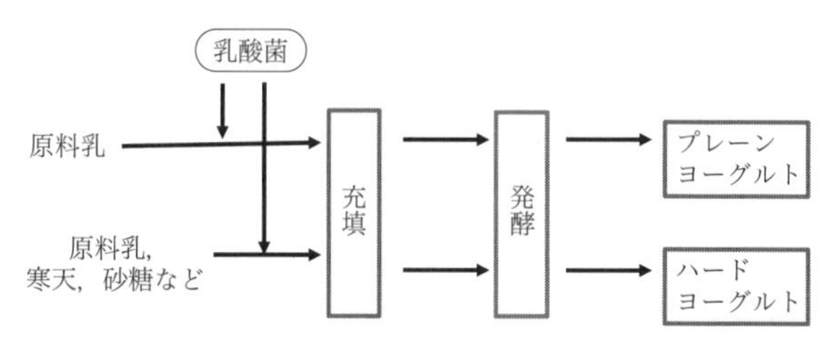

図 3.10 ヨーグルトの製造工程（後発酵タイプ）（文献 21) より）

表 3.8 発酵乳の種類

種類	特徴
プレーンヨーグルト	乳を乳酸菌で発酵させただけ．砂糖，安定剤などは添加されていない．
ソフトヨーグルト	果肉などを加え，デザート感覚で楽しむ．
ハードヨーグルト	寒天，砂糖などを加え，硬めのカードとしたもの．
飲むヨーグルト	発酵後，撹拌して液状にしたもの．砂糖や果汁などを加えることが多い．
フローズンヨーグルト	ヨーグルトをアイスクリームのように凍結したもの．乳酸菌は生きている．

い．ハードヨーグルトの場合は，乳原料のほか砂糖，寒天などが添加される（表3.8）．

3.4.3 発酵乳・乳酸菌飲料に用いられる乳酸菌

発酵乳および乳酸菌飲料に用いられる乳酸菌は，主に①生産性（酸生成性），②風味（香気成分），③カード物性（カードの組織，菌体外多糖類生成能），④保存性（賞味期限中の菌数確保）などを指標に選択される．主な乳酸菌は先に表2.5に示したが，最も一般的な乳酸菌はラクトバチルス ブルガリカスとストレプトコッカス サーモフィラス菌である．両者は共生関係にあり，サーモフィラス菌が産生するギ酸はブルガリカス菌の生育に有効で，ブルガリカス菌がたんぱく質を分解して生じるペプチドやアミノ酸はサーモフィラス菌の栄養成分となる[22]．

酵母はケフィアの製造に用いられる．酵母は二酸化炭素を産生するため，容器に充填後密封すると二酸化炭素の影響で容器が破裂することがあり，商品化に際しては十分な注意が必要である．

近年，生きて腸に届き，腸内で有用な働きをする乳酸菌（プロバイオティクス：probiotics）を配合した発酵乳・乳酸菌飲料が多数販売されている．表3.9には特定保健用食品として許可されている乳酸菌および機能性表示食品に含まれる乳酸菌を示す[23, 24]．表示が許可されている機能は，有害菌を低減させて腸内環境を整え，便通を改善する効果である．2015年末までに届けられた機能性表示食品では，内臓脂肪低減効果を訴求したものもある．今後も，新しい乳酸菌の効果を訴求した商品が多数上市されると思われる．

表 3.9 機能性を訴求している乳酸菌（特定保健用食品許可および機能性表示食品）

乳酸菌	効果
L. ブルガリカス 2038 株、S. サーモフィラス 1131 株	整腸作用
L. カゼイ YIT9029 株	整腸作用
B. ブレーベ ヤクルト株	整腸作用
B. ロンガム BB536 株	整腸作用
B. ラクチス FK 120 株	整腸作用
B. ラクチス LKM 512 株	整腸作用
L. アシドフィラス CK 92 株、L. ヘルベチカス CK 60 株	整腸作用
L. カゼイ NY 1301 株	整腸作用
L. ガセリ SP 株、ビフィズス SP 株（B. ロンガム）	整腸作用
B. ラクチス Bb-12 株	整腸作用
バシラス　サブティリス K-2	整腸作用
LC1 乳酸菌（L. ジョンソニ La1 株）	整腸作用
B. ロンガム	整腸作用（*）
L. ガセリ SP 株	内臓脂肪低減（*）
B. ラクチス GCL 2505 株	整腸作用（*）

特定保健用食品一覧より　http://www.mhlw.go.jp/topics/bukyoku/iyaku/syoku-anzen/hokenkinou/hyouziseido.html
（*）機能性表示食品　http://www.caa.go.jp/foods/docs/ichiran.xls

3.4.4 ヨーグルトの品質に及ぼす影響

1） 品質に影響する因子

ヨーグルトの品質，特に組織の特性には様々な因子が影響する[25, 26]（表 3.10）．ヨーグルトの組織，風味および品質を検討するうえで極めて重要であるので，理解を深める必要がある．

2） 原　料

乳酸菌スターターを添加する前の原料をベースミックス，あるい

表 3.10 発酵乳の物性に及ぼす因子

因子		説明
原材料	無脂乳固形	高いと硬度や粘度が上がる．また，保水性が上がり離水が減少する．膜濃縮乳を使うと硬い組織になる．
	たんぱく質	カゼイン濃度が高いと弾性率が高い．WPC 添加はカード硬度を高め，離水を低減する傾向．カゼイン / ホエイたんぱく質の比率が組織に与える影響が大きい．
	脂肪	クリーミー感，口当たりを向上．無脂肪あるいは低脂肪ヨーグルトでは脂肪代替ホエイたんぱく質を使う場合もある．
スターター	スターターの選択	スターターの選択は酸度，発酵時間，組織，風味などを左右．菌体外多糖類（ESP）産生スターターを使うと，粘度を上げたり，糸曳性（ロービー）を与える．
	発酵条件	発酵温度が高く，発酵時間が短いと製造効率はよいが，組織が荒く，離水しやすい．発酵温度が低いと均一で離水が少ない組織になるが，コスト高になる．
工程	殺菌前の均質	脂肪球が小さくなり，新たに生じた脂肪球被膜にカゼインやホエイたんぱく質が相互作用し，テクスチャーが向上．均質圧と共に粘度が上昇する傾向．
	殺菌	殺菌条件はカードの硬度に影響し，85℃ 10–40 分＞98℃ 0.5–1.9 分 ＞ 140℃ 2–8 秒＞非加熱の順に硬度は低下する．加熱により，ホエイたんぱく質がカゼインミセルに結合し，ミセル表面の疎水性が上がる．そのため，カゼインの疎水性相互作用が増し，硬度の高いカードとなる．

はヨーグルトミックスと呼ぶ．原料としては生乳のほか脱脂粉乳，濃縮乳，ナトリウムカゼイネート，ホエイ粉，ホエイたんぱく質濃縮物などが用いられる．さらに，安定剤，果汁，砂糖なども使われる．これらの配合割合により，カード物性は変化する．

一般的に，乳固形分が高いと硬度が高く，離水が少ない組織となる．固形中のたんぱく質濃度を上げる方法としては，膜濃縮やWPC，ナトリウムカゼイネートなどを添加する方法があるが，用いた方法によりヨーグルトの組織は異なる．ヨーグルトの組織に与える影響は，ローヒート脱粉＝未変性WPC＜普通脱粉＝ハイヒート脱粉＝ナトリウムカゼイネート＜加熱変性WPCの順に大きい[26]．（注：普通脱粉の熱積算量を1.0とした場合，ローヒート脱粉は0.4，ハイヒート脱粉は3.2程度．さらに4.4程度まで加熱したスーパーハイヒート脱粉もある）．また，ホエイたんぱく質/カゼインの濃度比（W/C比）が組織の特性に大きな影響を及ぼすことが知られている．W/C比による組織の変化は，ベースミックスの殺菌条件にも影響され，商品に求められる特性に応じて原料を選択し，配合比や殺菌条件を決める必要がある．

なお，発酵乳は乳酸菌により乳糖が乳酸に変換されるため，乳糖含量が低下しているはずであるが，原料中の固形分を高くしている場合には乳糖濃度も高くなり，発酵後の乳糖含量は牛乳中の乳糖含量とほとんど変わらない[27]．

3）殺　菌

乳等省令では，原料を63℃にて30分以上加熱殺菌するか，これと同等の効果を有する殺菌処理を行うことが定められている（表3.7）．しかし，63℃30分間の低温殺菌では一部の抗菌成分活性が残存し，乳酸菌の生育が遅くなる場合がある．さらに，ホエイたんぱく質の変性が不十分でありカードの保水力が低く，離水（カード上部にホエイが遊離している状態）の原因となる．離水していてもヨーグルトのおいしさや機能に影響はないが，しばしば消費者から

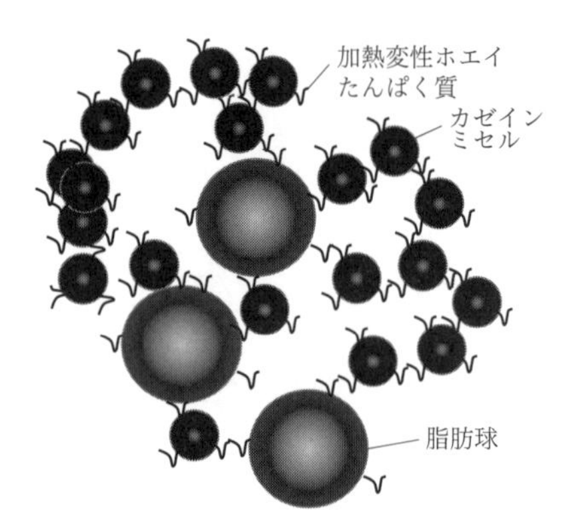

図 3.11　ヨーグルトの組織（イメージ図）（文献 (28) より作図）
カゼインミセルに変性ホエイたんぱく質が結合する．脂肪球にも変性ホエイたんぱく質が結合する．これらが 3 次元的ネットワークを形成し，網目構造の内側に水が保持される．

の苦情となる．このため，一般的には 85 ～ 95℃にて数分～ 15 分間程度の殺菌を行う．こうした加熱処理によりホエイたんぱく質が変性し，カゼインミセルとの間に網目構造が形成される．この網目の中に水がゆるく保持されるため離水しにくい組織となる[28]（図 3.11）．

ヨーグルトの組織形成には，カゼインおよび加熱変性したホエイたんぱく質との間に働く疎水性相互作用が重要である[29, 30]．しかし，UHT 殺菌したヨーグルトの組織は，85 ～ 95℃で殺菌したそれに比べやや軟らかくなる．β–ラクトグロブリン（β–Lg）の変性率が 60 ～ 90％の場合に保水性や組織が最適となるが，β–Lg の変性率が 90％を超えると組織が低下する．この理由として，①β–Lg と α–ラクトアルブミン（α–La）の加熱変性の違い，および② UHT 殺菌によりカゼインミセルが凝集，あるいは逆にカゼインミセルが解離することが関係していると考えられている[26]．しかし，カゼインミセルを加熱すると，pH や温度に依存して κ-CN の一部がミセルから遊離し，可溶性のカルシウムが不溶化する．こうしたカゼインミセルの変化も関連していると考えられるが，詳しいことは解明されていない[31]．

4）保　存

発酵乳の乳酸菌は低温保存中も生きており，乳酸を産生し続けるため，保存中に酸っぱくなる．このような現象を後発酵（after-acidification）という．このため，店頭で購入したヨーグルトは，いつ食べるかでヨーグルトの酸度は異なる．後発酵を抑えるために，スターターの選択，仕上げ酸度の調整など様々な工夫がなされている．このような技術の 1 つに，生乳中に含まれているラクトパーオキシダーゼ（lactoperoxidase）（1.4.4 項 5）参照）を用いる方法[32]を使った商品が市販されており，賞味期限中は製造直後の酸甘（さんかん）バランス（酸度と甘味のバランス）を維持している．

3.5　チ　ー　ズ

チーズは乳製品の中で最も種類が多く，歴史も古い．作り方も多様であり，ちょっとした違いで組織や風味（味と香り）は変わる．そして，その理由については様々な研究が行われているが，今日でも科学的な解明には至っていないものが多い．

3.5.1 チーズの規格と種類

表3.11にチーズの規格を示す．乳を凝固させホエイの一部を除いたものがチーズであるが，乳等省令にて「乳」とは牛乳，ヤギ

表3.11 チーズ類の規格

種類	規格	細菌数	製造方法	保存方法
ナチュラルチーズ(NC)	①乳，バターミルク，クリーム，またはこれらを混合したもののほとんど全て，またはたんぱく質を酵素，その他の凝固剤により凝固させた凝乳から乳清の一部を除去したもの，またはこれらを熟成させたもの ②乳等を原料として，たんぱく質の凝固作用を含む製造技術を用いて製造したものであって，①と同様の化学的，物理的および官能的特性を有するもの．	①ソフトタイプ(MFFB>67%)，セミハードタイプ(MFFB: 54–69%)についてはリステリア・モノサイトゲネスが100個/g以下． MFFB: 脂肪以外のチーズ重量中の水分含量(percentage moisture on a fat-free-basis) MFFB=（チーズ中水分含量）/（チーズ全重量－チーズの脂肪含量）×100 ②容器に充填後加熱殺菌したもの，飲食時に加熱するものは除外．	乳に由来しない香り，および味を付与する物質を添加することが可能．	リステリア・モノサイトゲネスが増殖する可能性がある場合は6℃以下での流通．
プロセスチーズ(PC)	ナチュラルチーズを粉砕，加熱溶融し乳化したもの． 乳固形分≥40.0%	大腸菌群：陰性	①食品添加物，②脂肪量調整用クリーム，バター，バターオイル，③香り，味，栄養成分，機能性，物性付与目的の食品（但し，これらは製品固形分重量の1/6以内）． 乳等添加量は乳糖含量が5%を超えない範囲．	
チーズフード	乳または乳製品を主要原料とする食品． 1種類以上のNCまたはPCを粉砕，混合，加熱溶融し乳化したもの． 製品中チーズ分が51%以上．	大腸菌群：陰性	①食品添加物，②脂肪量調整用クリーム，バター，バターオイル，③香り，味，栄養成分，機能性，物性付与目的の食品（但し，これらは製品固形分重量の1/6以内）． ③乳に由来しない脂肪，たんぱく質，炭水化物（製品重量の10%以内）	

表 3.12 チーズの種類と特徴

乳種	分類	特徴	代表例
牛乳	フレッシュ	①酸凝固．レンネットは補助的に使用 ②熟成しない／短期間 ③水分高い ④軟らかく，風味にくせがない	カッテージ，モッツァレラ，クワルク，クリーム
	ウォッシュ	①表面を塩水，酒などで洗いながら熟成 ②表面にリネンス菌など特殊な菌を生育させる ③強烈な匂いがするが，芳醇な味がする	ボン・レヴェック，リヴァロ
	白カビ	①白カビを表面に繁殖させつつ熟成 ②カビのたんぱく質分解酵素の働きで表面から内部に向けて熟成が進む ③熟成が進むとカルシウムが表面付近に濃縮．過熟になるとアンモニア臭が出てくる	カマンベール，ブリー，ブリヤ・サバラン
	青カビ	①青カビをカードに混ぜ熟成．カード内部に酸素を浸透させカビの生育を促す ②強い匂いがするものもあるが，味は濃厚	ロックフォール，ゴルゴンゾーラ，スティルトン
	セミハード	①硬く，保存性に優れる ②風味は穏やか ③プロセスチーズの原料として使われることが多い	ゴーダ，コンテ，カンタル，サムソー，ラクレット
	ハード	①カードを強く圧搾し，水分を下げ，長期間（1 年以上）熟成させる．硬いチーズ ②熟成により，カゼインがペプチドやアミノ酸に分解され，芳醇な風味をもたらす ③粉末にしたり，鰹節状に削り，料理に使用する場合が多い．和食にもよく合う	エメンタール，チェダー，グリュイエール，パルミジャーノ・レッジャーノ
ヤギ乳	シェーブル	①ヤギ乳から作られるチーズの総称．ヤギ特有の匂いと組織を有し，小型のものが多い ②α_{S1}-CN が少ないヤギ乳を原料にすると，カードが軟らかくなる	サント・モール・ド・トゥーレ，ピラミッド，ヴァランセ
プロセスチーズ		①1 種類以上の原料チーズを溶融塩存在下で加熱溶融した後に成型 ②日本では様々な物性や形状をしたものが市販されている	スライス，ポーション，とろけるタイプ，カットタイプ

乳，ヒツジ乳となっている．世界的には，これら動物乳のほか，水牛乳やラクダ乳から作られるチーズもある．

チーズには原料乳や製法により多種多様なものがある．それらの分類方法もいろいろあるが，最も一般的な分類方法に従って分類したものを表 3.12 に示す．代表例として輸入チーズを示したが，最近は日本各地でその地域に特徴的な国産チーズが多数上市され，輸入チーズと肩を並べることができるほどレベルが上がってきている．

3.5.2 チーズの製造法

図 3.12 にチーズの基本的な製造工程を示す．チーズ毎に製法の細部は異なり，それが特有の組織や風味をもたらす．

1) 原料乳

搾乳する動物の種類や品種により成分が異なり（1.1.1 項，1.1.3 項参照，表 1.1，表 1.2，表 1.6 参照），チーズの歩留まりや組織に影響する．たんぱく質や脂肪が多い乳はチーズ製造に有利である．

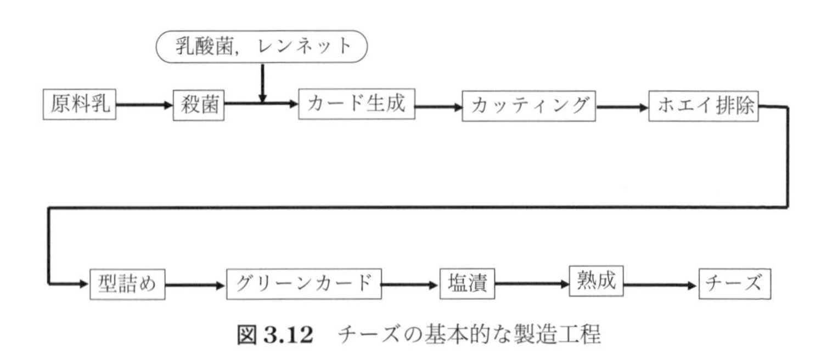

図 3.12 チーズの基本的な製造工程

牧草や飼育環境も風味に影響する．飼料に花を混ぜ，花の香りがするチーズも市販されている．

夏草には繊維質が多く，脂肪含量を高め，乳量も増える．晩秋から早春にかけては青草がないので，牧草を乾燥させた干草を与える．乾燥が不十分だと異常発酵したり，カビが生えたりする場合があるので注意が必要である．以前は，サイロと呼ばれるタワーに牧草を貯蔵し，その飼料をサイレージと呼んでいた．しかし，貯蔵中に混入した酪酸菌により長期熟成型チーズが異常発酵するリスクがあること，およびサイロの建設にコストがかかることから，現在はほとんど使われなくなった．現在は牧草を樹脂フィルムで密封するバンカーサイロやスタックサイロ，ロールベールラップサイロなどが主流となっている．家畜に与える飼料のうち，繊維質が多いワラなどを多く含むものを粗飼料，穀類やぬか，油粕など栄養価の高いものを濃厚飼料と呼び，泌乳量や乳質の向上が期待できる[33]．

環境の良い牧場で良質な飼料を食べ，衛生管理がきちんと行われた健康な牛は良質な乳を出す．脂肪やたんぱく質含量が高いとチーズの歩留まりが上がり，乳量が若干低くてもチーズ製造には有利である．このため，ジャージー種やブラウンスイス種の牛を飼育する酪農家も増えてきた．しかし，大半はホルスタイン種の牛であり，乳量は多いがたんぱく質や脂肪は低い．このため，原料乳を遠心分離して脂肪と脱脂乳に分け，配乳脂肪率を調整したり，限外濾過膜を用いてたんぱく質濃度を上げることもある．

遠心分離されたクリーム，あるいは配乳脂肪率を調整した乳を均質化（3.2.2 項 3）を参照）する場合がある．青カビタイプでは脂肪球径が小さくなることでリパーゼの作用を受けやすくなり，脂肪酸の生成が増え，特有の風味が付与される．一方，ハードタイプではホエイ排除を促進させるために，均質化しないことが一般的である[34)]．

2) 殺　菌

殺菌温度はチーズカードの物性を決める重要な因子である．通常，LTLT，またはHTST殺菌を行う．このとき，80℃を超える温度で加熱すると，β-Lgとの相互作用，κ-CNのミセルからの遊離，ミネラルの変化などが生じ（1.5項参照），水分を多く含んだ軟らかいカードとなる．このため，ホエイ排除（図3.12）が困難になる．また，凝固を促進させるために微量のカルシウムを添加する場合もある．この理由は，乳中のカルシウム濃度が増えるとカゼインミセルの水和が低下するため，疎水性相互作用による凝集が促進されるためである[35)]（図3.13）．

ヨーロッパでは無殺菌乳を用いるチーズも多い．このため，搾乳

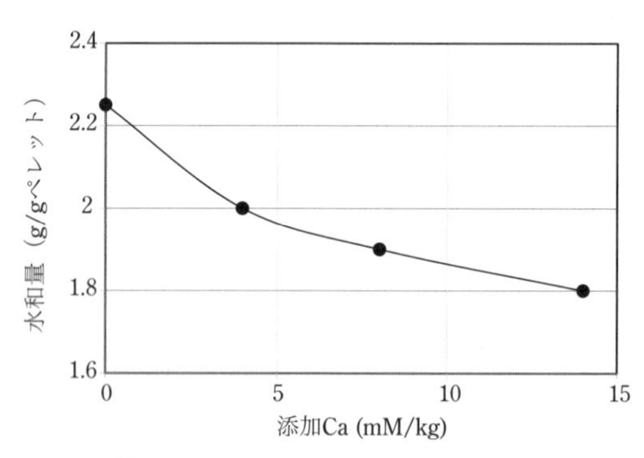

図3.13　添加カルシウム量とカゼインミセルの水和量の関係（文献35）より作図）

後2～3日低温保存してから処理する場合には，LTLTより短時間の加熱（63～65℃，15秒間）を行うことがある．このような加熱をサーミゼーション（thermization）という（表3.3）．無殺菌乳の場合，抗菌活性を有する酵素（ラクトパーオキシダーゼなど）の活性が残存しており，スターターの働きに影響することがある．また，乳固有のたんぱく質分解酵素であるプラスミンの働きにより熟成中のたんぱく質分解に影響し，殺菌乳から作られたチーズとは異なる組織や風味となる．フランスやイタリアにおける伝統製法に基づいて製造されたチーズには無殺菌乳から作られるものが多く，日本にも多数輸入されている[36]．日本の乳等省令にはチーズの殺菌に関する規定は記載されておらず，無殺菌乳からチーズを作ることは可能である．しかし，リステリアが100個/g以下と定められているので（表3.11），衛生管理が徹底されている搾乳環境で搾乳した乳以外は殺菌することが一般的である．

3） 乳酸菌およびレンネット添加

殺菌した原料乳に乳酸菌（表2.4）および凝乳酵素（レンネット）を添加すると，乳酸菌の働きでpHが下がり，レンネットがカゼインを凝固させる（1.4.3項（2），図1.27，図1.38，図1.39参照）．

フレッシュタイプの場合は，乳酸菌による酸凝固が主たる凝固因子であり，レンネットは補助的に使われる．シェーブルタイプも酸凝固を主とし，補助的にレンネットを使う場合が多い．

カマンベールの作り方は，伝統製法（traditional）とスタビライズ製法（stabilized）がある．伝統製法ではカードpHを4.6～4.8程度にするが，スタビライズ製法ではそこまでpHを下げない．このため，たんぱく質分解が抑制されて組織が均一になる反面，風味が淡白になる傾向がある[37]．

乳酸菌スターターはpHを下げるだけでなく，熟成中の風味形成にも重要な役割を果たしている．全く同じ製法でありながら“製造場所が異なると同じチーズにはならない”と言われるのは，環境中に存在している細菌が熟成中に作用するためである．熟成中の風味形成を目的とした乳酸菌をスターターとともに添加することがあり，このような乳酸菌をアジャンクトスターターと呼ぶ（2.2.3項参照）．乳酸菌スターターはしばしばファージに汚染され，チーズ製造に甚大な障害をもたらす．このため，ファージ対策（2.2.10項参照）を十分に実施する必要がある．

凝乳酵素としては仔牛第四胃から抽出したレンネットが広く用いられてきたが，近年，動物愛護の観点から，仔牛レンネットの使用量は低下している．それに代わって，微生物由来のたんぱく質分解酵素（微生物レンネット）や遺伝子組換えレンネットが用いられるようになった．微生物レンネットの場合，苦味が出る場合があることから，海外では安定した品質のチーズが得られる遺伝子組換えレンネットの使用が主流である．スペインのケソ・デ・ラ・セレナ（Queso de la Serena）やポルトガルのケイジョ・セーラ・ダ・エストレーラ（Queijo Serra da Estrela）などは植物性レンネット（チョウセンアザミのおしべ）が使われている[36]．植物性レンネットもウシレンネットと同様にκ-CNを切断するが，α_{S1}-CNやβ-CNに対してはウシレンネットと異なるペプチドを生じる[38]．日本では仔牛レンネットと微生物レンネットが使われている．

4) カッティングおよびホエイ排除

凝固が始まったカード[注1), p 151 参照]をどのタイミングでカッティングするかはチーズにより異なるが，一般的にソフトタイプのチーズでは pH が十分に下がってからカッティングし，ハードタイプでは pH が下がりきらないうちにカットする[37)]．このため，チーズは種類によりカード pH が異なる[39)]（表 3.13）．カゼインミセルのコロイド状リン酸カルシウム（CCP，1.4.3 項 2）参照）は，pH が 5.2 付近になるとミセルから遊離する（図 1.33 参照）．そのため，カード pH が高いチーズではカルシウム含量が高く，フレッシュタイプなどカード pH が低いチーズではカルシウム含量が低い．

カードのカッティングには様々な道具が使われる．一般的にはピアノ線を張ったチーズハープと呼ばれるカードナイフを用いるが，様々な大きさと形状のカードナイフが用いられる．パルミジャーノなどイタリア系チーズでは，スピーノと呼ばれる鳥かごのようなカードナイフが使われる[40)]．乳業メーカーにおける大工場では機械

表 3.13 主なチーズのクッキング温度およびカード pH

チーズ	クッキング温度（℃）	カード pH
カッテージ	49	4.6
クリーム	52	4.6
モッツァレラ	32	5.3
プロボローネ	48	5.3
チェダー	38	5.2
スイス	53	6.2
ブルー	33	5.4
カマンベール	32	5.1

文献 33) より改変．

によるカッティングが行われる．カットされたサイコロ状の小さいカードからはホエイが染み出しやすく，大きなカードからは染み出しは少なくなる．

カットするとき，加熱圧搾タイプのチーズでは58℃程度まで加温する（表3.13）．この加温をクッキングという．クッキングによりカードは収縮し（シネレシス，syneresis），ホエイが抜けてくる．これは，加温によりカード間の疎水性相互作用が高まり，ホエイが抜けやすくなるからである．カッティング，クッキング，撹拌などの操作は，チーズ製造においてチーズの組織や味を決める最もデリケートな工程であり，熟練した職人の経験が必要とされる[41)]（表3.14）．チェダーではホエイ排除の際にチーズバットの底に溜まったカードを適当な大きさに切断し，保温されたバット中に積層し，10～15分おきに反転させる．このような操作をチェダリング（cheddaring）という．

モッツァレラやカチョカバロでは，pH 5.2～5.4のカードを60～90℃のお湯に入れて練る．このような作り方をパスタ・フィラータ製法（pasta filata）といい，カードに伸びる性質が付与される．pH 5.2～5.4にてCCPがカゼインミセルから遊離し（図1.32参

表3.14 カードの大きさ，温度，ホエイ残存量とチーズの硬さ

	軟らかいチーズ	硬いチーズ
カード粒の大きさ	大きい	小さい
カードの加温温度	低い	高い
カード中のホエイ残存量	多い	少ない

文献35）より．

照)，カゼインミセルの水和が高くなる（図 1.33 参照）．このようなカゼインミセルの性質とパスタ・フィラータ製法は密接な関係にあるが，詳しい機構はわかっていない．

排出されたホエイは噴霧乾燥し，ホエイ粉として製菓原料となるほか，限外濾過によりホエイたんぱく質を濃縮し，ホエイたんぱく質濃縮物（whey protein concentrate: WPC）としてヨーグルトなど様々な食品に利用される．また，ホエイを加熱し，ホエイたんぱく質を凝固させたものはリコッタ（ricotta）チーズになる．一般的にはホエイ中のたんぱく質濃度が低いため，生乳と混合した後に加熱凝固させる．リコッタは日本では乳等省令により，種類別名称は「チーズ」ではなく「乳または乳製品を主要原料とする食品（乳主原)」に分類される[注2), p 151 参照]．

5) 熟 成

カードはそれぞれのチーズの大きさに合わせた型（モールド：mold）に詰められる．モールドには様々な大きさ，形状のものが使われ，成型するとともに圧搾しホエイを除く．ヤギ乳の中には α_{S1}-CN が少なく，カゼインミセルが大きいものがある[42]．このような乳のカードはレンネット凝固が遅れ，カードは軟らかい．このため，モールドに入れる際にカードが崩れる場合があり，注意が必要である．

成型したカードは塩漬される．フレッシュタイプでは塩漬を行わないが，熟成タイプでは雑菌汚染を抑え，かつ風味を向上させる．塩漬には塩水（ブライン：brine）中に浸漬する方法（ブライン浸漬）と，乾塩を刷り込む方法（乾塩法）がある．大型のチーズではブライン中に20日間程度浸漬する．塩によりチーズ表面の水分が抜け，風乾することにより硬い表皮（リンド：lind）ができる．

熟成条件はチーズの種類により異なるが，一般的には温度8～15℃，湿度85～95％程度の熟成室で行われる．伝統的製法では安定した温度および湿度が得られる洞窟で行われることが多い．

熟成により乳の成分は様々な物質に変化する（図3.14）．カゼインはレンネットおよび乳酸菌やカビのたんぱく質分解酵素によりペプチドとなり，さらにアミノ酸に変化する．レンネットはまずκ-CNを分解するが，続いてα_{S1}-CNを分解し，α_{S1}-I-CNを生成する．α_{S1}-I-CNはカルシウム存在下でも可溶化することから，チーズ物性に影響する（1.4.3項2），図1.40参照）．生成するペプチドは多数あり，苦味を呈するものもある．熟成中に生成するペプチドに関しては，成書[43]を参照されたい．脂肪は乳中のリパーゼ，あるいはカビ由来のリパーゼにより脂肪酸に分解され，さらに様々な香気成分をもたらす．乳糖やクエン酸も香気成分を生成する．エメンタールに使うプロピオン酸菌は熟成中に炭酸ガスを生成し，チーズ

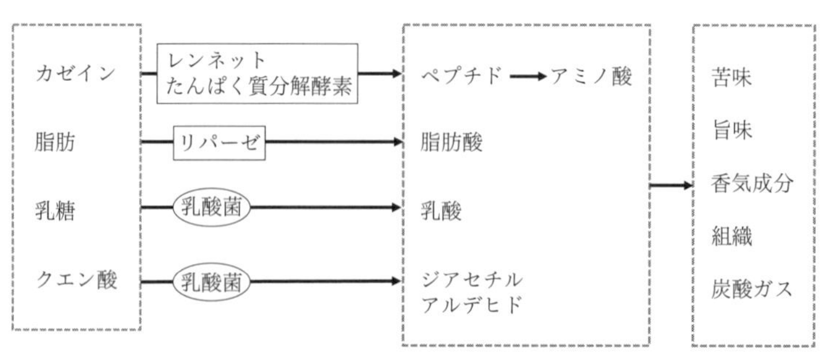

図3.14　チーズ熟成中の変化

アイを形成する.

ウォッシュタイプでは，塩水や地酒で表面を拭き，リネンス菌を繁殖させる.表面が橙色を呈し，強烈な臭気を発生するが，芳醇な味をもたらす.日本でも，十勝川温泉水で表面を洗いリネンス菌の繁殖を促したラクレット，赤ワインや日本酒で洗ったチーズなどが市販されている.チーズの香気成分については文献44)に詳しい.

6) プロセスチーズ (processed cheese)

プロセスチーズの製造工程[45]を図3.15に示す.原料チーズとしてはチェダーが一般的であるが，日本ではゴーダも使うことが多い.その他，モッツァレラなどを使ったものもある.溶融塩はチーズ中のカルシウムをキレートし，溶融塩のナトリウムと置き換わる(イオン交換反応).このため，カルシウム存在下で不溶性であるパラカゼインの水和が上がり，部分的に溶解した状態になる.しかし，使用する溶融塩の種類により特性は異なっており，通常，これら溶融塩を組み合わせて使うことが多い[45] (表3.15).なお，溶融

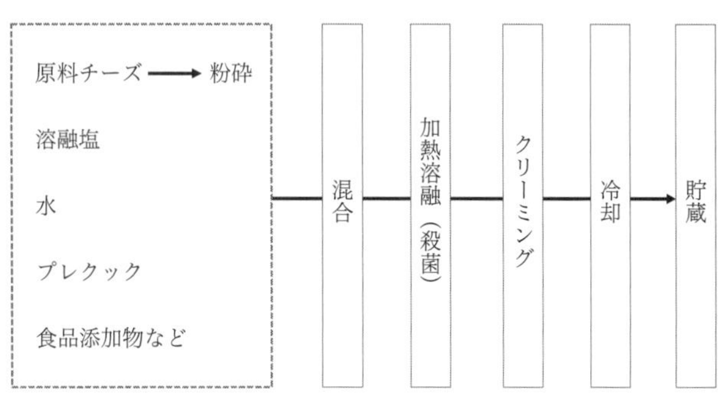

図3.15 プロセスチーズの製造工程（文献45)より作図）

塩は日本では乳化剤に分類されているが，溶融塩が直接脂肪を乳化させるのではない．溶融塩により水和したカゼインが加熱工程で滑らかで均一な組織となる．乳化後しばらく加熱保持すると，粘度が増加してくる（クリーミング）．粘度が増加してくる詳しいメカニズムは明らかではないが，脂肪とカゼインの複合体が不溶化してくることが報告[46]されている．

原料とともに加えるプレクック（precook）とは，プロセスチーズ製造時に配管中に残ったチーズのことで，数%程度加えるとチーズの粘度や物性を制御することができる．

表 3.15 プロセスチーズ製造に用いられる溶融塩の主な性質

溶融塩	成分	Ca キレート力	pH 緩衝能	パラカゼイン水和力	脂肪乳化・分散力
クエン酸塩	クエン酸 3Na	低い	高い	低い	低い
オルソリン酸塩	リン酸水素 2Na リン酸 3Na	低い	高い	低い	低い
ピロリン酸塩	ピロリン酸 2 水素 2Na ピロリン酸水素 3Na ピロリン酸 4Na	中程度	中程度	極めて高い	極めて高い
ポリリン酸塩	トリポリリン酸 5Na テトラポリリン酸 Na 長鎖ポリリン酸 Na	高い	低い	低～高	低～極めて高い

文献 39) より作表．

7) 新しいチーズ製造技術

(1) ロングライフチーズ[47)]

1900年頃，ドイツにてカマンベールの缶詰化が成功し，日本でも1962年頃から缶詰タイプのカマンベールが市販されるようになった．熟成が終了したカマンベールを容器に充填し，レトルト釜で加熱殺菌することでカビや乳酸菌が死ぬため，長期間安定した品質を維持することができる．現在，日本の量販店で販売されているカマンベールの多くは，このようにして製造されている．

海外では，カマンベールのほか，ウォッシュタイプや青カビタイプのロングライフチーズも市販され，最近では日本でも市販されるようになった．

(2) 膜濃縮製法

チーズの主要成分は脂肪とたんぱく質であることから，膜でこれら主要成分を濃縮し，水分や乳糖の多くを除く（一部は残る）と，チーズ乳の容量が少なくなり，小型の設備でチーズを製造することができる．ホエイたんぱく質もカードに取り込まれるため歩留まりが上がる．この方法で製造されたフランスの白カビタイプのチーズが日本にも輸入されている[34, 47)]．

引 用 文 献

1) 厚労省令第142号 12月25日 (2014)
2) https://www.j-milk.jp/tool/kiso/berohe0000004ak6-att/berohe0000004ku4.

pdf#search='JMilk+ % E7 % 89 % 9B % E4 % B9 % B3 % E3 % 81 % AE % E8 % A9% B1'
3) http://www.jmftc.org/milk/index.html
4) http://livestock.snowseed.co.jp/public/4e73725b/6804990a/4f4e91785ea64e8c7b494e73306b306430443066
5) http://www.dairy.co.jp/news/91ra2s000000hvym-att/91ra2s000000hvz4.pdf#search=% 27% E7% 89% 9B% E4% B9% B3+% E5% 8F% 97% E5% 85% A5% E3% 82% 8C% E6% A4% 9C% E6% 9F% BB% 27
6) https://www.j-milk.jp/gyokai/seidokanri/berohe000000lnff-att/a1364533235164.pdf#search=% 27% E7% 94% 9F% E4% B9% B3+% E5% 8F% 97% E5% 85% A5% E3% 82% 8C% E6% A4% 9C% E6% 9F% BB+% E4% BD% 93% E7% B4% B0% E8% 83% 9E% E6% 95% B0% 27
7) 雪たねニュース No333, 9 月 1 日 (2010)
8) 岩附ら，日本食科工誌 **48**: 126–133 (2001)
9) 岩附ら，日本食科工誌 **46**: 535–542 (1999)
10) 藤川咲子，川村周三，日本農業機械学誌 **75**: 37–44 (2013)
11) FDA Guide inspection of aseptic processing and packaging for the food industry Feb. 2001
12) 山住ら，ミルクサイエンス **56**: 209–218 (2008)
13) J-Milk，牛乳容器今昔物語，12 月 27 日 (2014)
14) 全国牛乳容器環境協議会 http://www.yokankyo.jp/cat02.html
15) 青島靖次，日本紙容器・機器協会 http://www.namp.or.jp/column15.html
16) 食安発第 1030002 号
17) http://www.nyusankin.or.jp/production/pdf/nyuyoukyo_kijun201307.pdf#search='% E4% B9% B3% E7% AD% 89% E5% AE% B9% E5% 99% A8% E8% 87% AA% E4% B8% BB% E5% 9F% BA% E6% BA% 96'
18) 七滝 謙，食品機械装置 7 月号：86–91 (1999)
19) 浅岡 宏，羽原一宏，乳業技術 **61**: 24–34 (2011)
20) 渡辺ら，ミルクサイエンス **46**: 81–88 (1997)
21) https://www.j-milk.jp/tool/kiso/berohe0000004ak6-att/berohe0000004ku4.pdf#search=% 27JMilk+% E4% B9% B3% E3% 81% AE% E3% 81% AF% E3% 81% AA% E3% 81% 97% 27
22) 鈴木ら，畜産会報 **53**: 161–169 (1982)
23) http://www.mhlw.go.jp/topics/bukyoku/iyaku/syoku-anzen/hokenkinou/hyouziseido.html
24) http://www.caa.go.jp/foods/docs/ichiran.xls
25) 仁木良哉，ミルクサイエンス **51**: 111–120 (2002)
26) Sodini *et al.*, *Crit. Rev. Food Sci. Nutr.* **44**: 113–137 (2004)

27) 日本食品標準成分表　七訂　文科省 (2015)
28) Cho *et al.*, *Int. Dairy J.* **9**: 537-545 (1991)
29) 仁木ら，日畜会報 **71**: J347-J354 (2000)
30) 岡ら，日本食品保蔵科学学会誌 **38**: 347-350 (2012)
31) 青木ら，ミルクサイエンス **66**: 125-143 (2017)
32) Nakada *et al.*, *Int. Dairy J.* **6**: 33-42 (1996)
33) チーズプロフェッショナル協会，チーズの教本 2017, 小学館 , pp.26-27 (2017)
34) 田中穂積，チーズを科学する，チーズプロフェッショナル協会編，幸書房, pp.65-96 (2016)
35) Philippe *et al.*, *Lait* **83**: 45-59 (2003)
36) チーズプロフェッショナル協会，チーズの教本 2017, 小学館，pp.57-177 (2017)
37) 小泉＆近藤，乳の科学，上野川修一編集，pp.87-98, 朝倉書店 (2015)
38) Chazarra *et al.*, *Int. Dairy J.* **17**: 1393-1400 (2007)
39) Kosikowski, F., Cheese and Fermented Milk Foods 2nd ed., chap.7, p.9, Kosikowski & Associates, pp.90-108 (1982)
40) チーズプロフェッショナル協会，チーズの教本 2017，小学館 , p.50 (2017)
41) チーズプロフェッショナル協会，チーズの教本 2017，小学館 , p.35 (2017)
42) Devold *et al.*, *Dairy Sci. Technol.*, doi: 10.1051/dst/2010033 (2010)
43) 井越敬司，チーズを科学する，チーズプロフェッショナル協会編，幸書房, pp.97-127 (2016)
44) Fox & Wallace, Adv. Appl. Microbiol. Ed. by Neidleman & Laskin, Academic Press vol.45: 17-85 (1997)
45) 川崎功博，現代チーズ学，齋藤，堂迫，井越編集，食品資材研究会，pp.211-234 (2008)
46) Kawasaki, Y., *Milchwissenschaft* **63**: 149-152 (2008)
47) チーズプロフェッショナル協会，チーズの教本 2017, 小学館 , pp.48-49 (2017)

注 1）厳密には，凝固が始まった乳を凝乳，カッティングしたものをカードと言うが，ここでは両者を区別せずにカードと呼ぶ．

注 2）CODEX のチーズ規約では，カードのホエイたんぱく質 / カゼインの濃度比（W/C）が原料乳の W/C より低くなっていなければならない．リコッタでは W/C が高くなるので，チーズとは呼べない．

4.　牛乳・乳製品の品質保証

4.1　品質保証の考え方

4.1.1　品質保証の PDCA サイクル

食品に限らず，製品の品質を保証し，安全な製品を消費者に提供することは企業経営の根幹である．そのため，製品の品質保証には経営トップから現場の従業員，ならびに関連企業も含めて参画しなければならない．とりわけ経営トップの強い意志が必要である．

品質を維持向上させるシステムの一例[1]を図 4.1 に示す．この

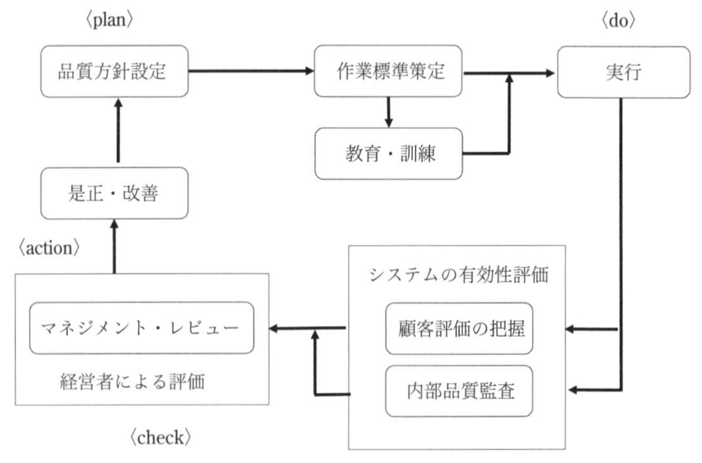

図 4.1　品質改善マネジメントシステム

システムはISO9000シリーズおよびHACCPの考え方を取り入れたシステムとなっている．ISO（international organization for standardization: 国際標準化機構）とは，企業などの品質保証体制について要求すべき事項を定めた国際規格であり，顧客満足を第一とした品質システムといえる．したがって，経営トップが品質方針を定め（plan），それに基づいた作業標準を作成する．この作業標準をすべての従業員に教育し，必要に応じて訓練を行う．その上で日常の作業で実践し（do），システムの有効性を評価する．評価の物差しは，顧客からの評価，すなわち日々消費者相談室などに入る顧客からの意見（苦情や感謝など），および内部監査による評価である．これらをレビューし評価したうえで（check），システムの改良や是正案を作成する（action）．この是正案に基づいて，品質方針を改める．このようなplan-do-check-action（PDCA）サイクルを回すことが重要である．日々，PDCAサイクルを回していく中で，スタート時点では気づかなかった課題が明らかとなり，品質や生産性の向上につながる．

一方，HACCP（hazard analysis critical control point）は1960年代に米国の宇宙開発計画に伴い，宇宙食の開発に採用された衛生管理方式である．従来は製品の一部をサンプリングし，その分析結果から全体的に品質が保証されていると推定していた．しかし，HACCPでは原料から製品に至るすべての工程で，発生し得る危害とその程度を調べ，危害が発生し得る工程を重要管理点と定め，重点的にモニタリングすることで，製品の安全性を確保する方式である．HACCPプランの作成に関する基本的考え方を図4.2に示す．それぞれの手順や原則については専門書があるのでそれらを参照

手順 1: HACCP チームの編成
手順 2: 製品特性の記述
手順 3: 使用方法の記述
手順 4: 製造工程一覧図，施設の図面，作業標準書の作成
手順 5: 現場確認
手順 6-12: HACCP 7 原則の適用

〈 HACCP 7 原則 〉
原則 1: 危害分析（原料から消費に至る各段階で発生する危害の抽出と危害を許容できるレベルまで下げるための対策評価）
原則 2: 重要管理点（CCP）の確定（危害の制御に必要な管理点の決定）
原則 3: 管理基準（CL）の設定（CCP の管理基準設定）
原則 4: モニタリング方法の設定（CCP の管理方法の決定）
原則 5: 改善措置の決定（基準からの逸脱に対する，あらかじめ定められた修正方法の決定）
原則 6: 検証方法の設定（微生物的，化学的，物理的，官能的な検証方法をあらかじめ決定）
原則 7: 記録保管および文書作成規定の設定（効率的な記録保管方法や文書規定を決定）

図 4.2 HACCP プランの作成

願いたい．自社における過去の不具合発生事例を参照することはもちろんであるが，日々の作業で，不具合品には至らなかったものの作業標準に不備が見いだされた場合には改善する．このように，HACCP もまた PDCA サイクルを回すことで，より有効なものになっていく．

4.1.2 商品の品質要件

商品の品質に関わる項目についてあらかじめ作業標準や規格基準

などを作成し，社内でオーソライズしておく必要がある[2]．

① 安全性を確認した原材料や資材を使用すること．原材料，資材，包材など商品に使用するすべての原材料の安全性が確認されていないとお客様に商品を提供できない．そこで，社内のしかるべき専門家が原材料の安全基準を作成し，社内および関係業者で共有化する．一旦，オーソライズされた基準は，社内はもちろん，納入先にも厳守してもらう．

多くの場合，納入業者が出荷時に出荷検査を行い合格したもののみを受け入れるが，零細な業者の場合，出荷検査が不十分な場合もあるため，納品された原材料や資材は自社で受入検査を行い，安全基準が守られていることを確認する．

② 製造基準を遵守して製造され，受入れから出荷に至るすべての工程記録が保管されていること．HACCPの基本は危害分析にある．あらかじめ起こりうる危害を抽出し，その危害が発生しないように管理方法と管理値を定める．この管理方法と管理値を守り，データをあらかじめ定めた書式に則り毎日記録しておく．記録の意義はお客様や行政に対する品質保証の証拠となるだけではなく，万一不具合が発生した場合，対象商品を特定することができる．すなわち，トレーサビリティにもなる．さらに，不具合発生に対する是正措置をとるためにも必須となる．

③ 出荷検査に合格していること．出荷検査はHACCPプランの検証の一部となり，製造がHACCPプランどおりに行われたことの証拠となる．出荷検査において，あらかじめ定められた出荷基準を逸脱していれば，直ちに出荷止めとし，是正措置をとることは言うまでもない．

市乳工場では，商品の特性上リードタイムが短いことから，一般的に大腸菌群の検査は公定法と同じ結果をもたらす迅速法を活用し，出荷基準に合格すれば出荷するが，万一異常があった場合には迅速かつ正確な連絡・指示が可能な体制をとっている．

④ 適正な条件で流通していること．乳製品の多くはチルド流通される．したがって，輸送時の温度管理が不適切な場合，商品の品質を保証できない．また，内容物の形状や物性が輸送時の振動により損なわれたり，容器にスレ（こすれによる傷）や破損が生じたりすることも多い．このため，あらかじめ定められた輸送・保管基準を定め，輸送業者や販売業者にも遵守してもらうことが大切である．

また，店舗においてもチルド商品が炎天下で長時間バックヤードに山積みされたままになっている光景を目にすることがあるが，品質の低下が懸念される．店舗にも輸送・保管基準を遵守するよう協力をお願いする必要がある．店舗における販売状態の管理も大切である．特に，商品の温度や陳列時の段数が守られないと，品質が損なわれる．もちろん，賞味期限を過ぎた商品が残っていないかチェックしてもらうことも重要である．最近の大型量販店では，定期的に温度を記録し，商品が転倒していないかチェックしている．このような店舗の取り組みは重要であり，いたずら防止（悪意をもって商品に異物を混入させる行為を防止）にも有効である．

⑤ 適正な表示となっていること．商品の表示には義務表示と任意表示があり，義務表示に欠落があると告知回収の対象となる．発売期日が迫った段階で原材料の納入先が変更になると表示

内容の確認不足となったり，アレルギー物質の表示が抜けたりする場合があるので要注意である．景品表示法では虚偽や誇大な表示を禁止しており，健康増進法では許可された食品にしか健康効果を表示できないことになっている．しばしば，法令に違反する表示をしている商品が回収の対象となったり，法令違反すれすれのグレイな表示を行っている商品もある．

そこで，社内であらかじめ表示に関するマニュアルを作成し，お客様のに誤解を招かないよう，わかりにくい表現を避けるなど工夫しなければならない．

⑥ お客様の声を反映し，日々改良に務めていること．お客様から入ってくる情報は苦情だけでなく，問い合わせ，意見，提案など様々である．苦情の中には，品質に関するものも含まれているため，おろそかにしてはならない．品質苦情については品質担当部署に連絡し，対応を検討してもらう．商品に関する提案は生産，営業，開発など関係部署に連絡する．貴重な提案が含まれている場合もある．また，お問い合わせを分析すると，お客様がどのような商品を求めているのか潜在ニーズを知るきっかけとなるので，“お客様の声は宝”と認識し，品質向上や新商品開発などに役立てることが重要である．

4.1.3 是正措置と予防措置 [3)]

商品に不具合が発生した場合，迅速に原因を特定し，再発を防止しなければならない．図 4.3 に，是正措置と予防措置の概念図を示す．是正措置とは，不具合が発生した場合に再発防止のため原因を特定し，これを除去する処置である．原因を特定するためには記録

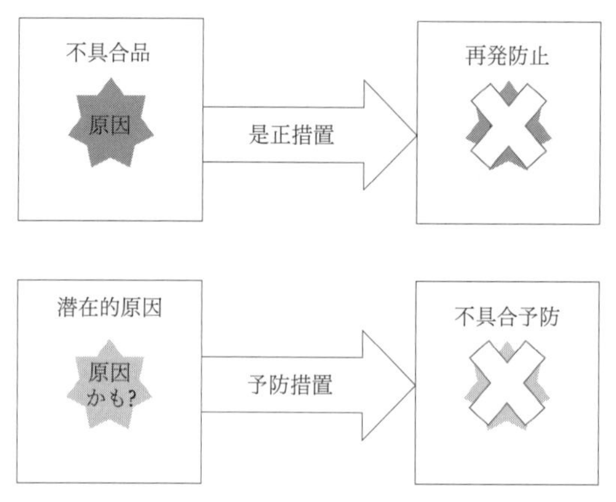

図 4.3 是正措置と予防措置

が必須となる．製造現場の責任者は記録を参考にしながら，場合によっては専門家の意見を聞きながら原因を特定し，これを除去し，再発を防止する．しかし，このような処置をしてもなお類似の不具合が生じる場合は，他に原因がある可能性も考えなければならない．

一方，予防措置は，まだ不具合は発生していないが，将来原因となる可能性がある潜在原因を抽出し，それを取り除くことによって不具合を未然に防ぐ処置である．ある処置をとったことが，不具合の発生を予防したかどうかはわからない．しかし，どのようにすれば良い商品を作れるのかについて常に考え，職場の同僚たちと議論することにより，職員の教育と技術のレベルアップにつながる．こうした取り組みが予防措置の重要な点である．

4.1.4　危機管理体制

社内における危機管理体制の一例[1]を図 4.4 に示す．お客様や現場から寄せられた品質上の不具合は，事案の大小に関わらず品質担当部署に連絡する．品質担当責任者は，あらかじめ定められた社内マニュアルに従って，重大化する可能性を判断する．重大化しないと判断した場合は，関係部署からお客様や現場にフィードバックする．お客様には営業担当者が出向いて説明し，現場に対しては是正措置を検討するよう指示する．

一方，重大化する可能性があると判断した場合は，会社トップに報告し，直ちに対策本部を立ち上げる．本部の中で，告知回収，行政対応，マスコミ対応，健康被害が出ている場合には被害者救済策

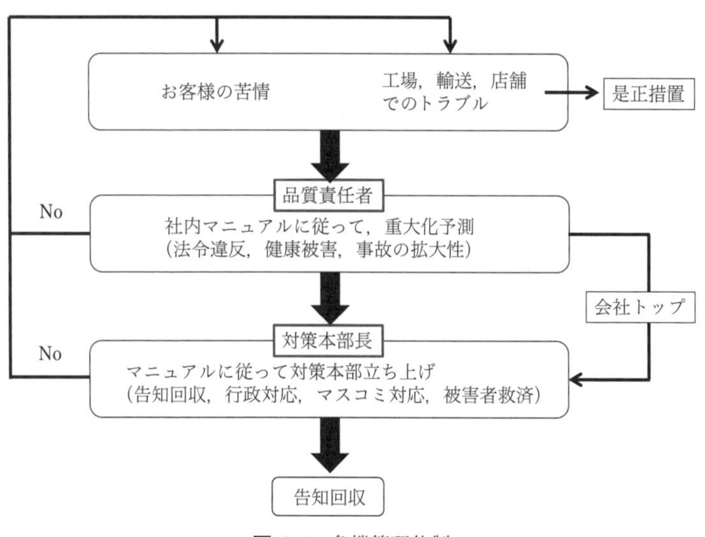

図 4.4　危機管理体制

など協議する.

このような危機管理体制はあらかじめ定めておかないと，即応性がない．重大事案が発生した場合，当事者や現場では事態の全体像が掴めず，本社も部分的で正確性に欠ける情報しか把握できない．このため適切な指示・命令が出ないまま，時間だけが経過する．やがて，行政やマスコミから多数の問い合わせが入り，通信連絡の確保も難しくなる．その結果，初動が遅れ，情報が不十分なまま記者会見を開かざるをえなくなり，醜態をさらすことになる．このような事態を防ぐため，あらかじめ起こりえるシナリオを想定し，危機管理体制を迅速に運用するトレーニングを定期的に実施しておくとよい.

4.2 食品衛生の基礎

食品衛生（food hygiene）とは，牧場での牛の飼育・搾乳，工場での製造加工，倉庫までの運搬や温度，倉庫から店舗までの配送過程と保存，消費者による摂取に至るすべての段階（from farm to table）における衛生に関係する．また，HACCP における危害とは，健康に悪影響をもたらす可能性のある食品中の化学的，微生物的および物理的な物質や取り扱いを意味する.

4.2.1 化学的危害

化学的危害要因としては，天然に存在する毒（カビ毒）やアレルギー物質，環境中の汚染物質，残留農薬，動物用医薬品の混入，あるいは製造工程における洗剤の混入などがある．これらは一旦製品に混入すると取り除くことはできないので，廃棄あるいは告知回収となる．それ故に，このような混入の可能性について重要管理点として適切にモニタリングする必要がある．

残留農薬[4]については，2006年よりポジティブリスト制を採用している．この制度では農薬等を一定量（基準値が決まっている物質ではその基準値，それ以外は厚労省が人の健康を損なう恐れのない量として定めた量：一律基準）以上含む食品は流通が禁止されている．残留農薬の基準値は許容1日摂取量（ADI: acceptable daily intake, mg/kg/day）をもとに決められる．ADIとは「ある物質について人が生涯その物質を毎日摂取し続けたとしても，健康に対する有害な影響が現れないと考えられている1日当たりの摂取量」と定義されている．ADIは，まず細胞や動物を用いた安全性試験において有害な影響が現れない無毒性量を決定する．次いで，無毒性量に動物の種差（ヒトと動物），個体差を考慮した安全係数（通常1/100）を掛けた値をADIとする[2]．したがって，

$$\mathrm{ADI} = \text{無毒性量} \times 1/100 \qquad (4\text{–}1)$$

となる．

危害の発生は，製造工程の不備や人為的操作ミスなどによる化学的汚染ばかりではない．1984～85年に世間を騒がせた「グリコ森永事件」における青酸カリによる企業脅迫や，2008年に起こった中国での「粉ミルクへのメラニン混入事件」のように，悪意を持った化学汚染もある．このような事態に対応できるよう，作業場での服装チェックを厳格にして不必要な物を持ち込まないよう工夫したり，いたずら防止機能付き容器などが開発されている．

4.2.2 微生物的危害

微生物管理の三原則は，「つけない」「増やさない」「殺す」である（図 4.5）．

「つけない」ためには，何より個々人の衛生意識が大切であり，従業員に繰り返し衛生指導をする必要がある．特に，手洗い，着衣，帽子，作業靴の清潔を徹底的に守らせる．また，汚れた原材料や資材の搬入経路と殺菌済みの製品を搬送する経路は交差してはならず，動線の交差がない施設構造となっていなければならない．

「増やさない」ためには，温度管理が重要である．表 4.1 には，牛乳・乳製品における汚染菌とそれらの性状を示す．これらの菌は室温にて増殖するが，低温での増殖速度は低い．したがって，原材料や製品は適正な温度管理がなされた冷蔵庫に保管され，「先入れ先出し」の原則で，保管時間もほぼ同程度となるように留意する．

「殺す」ためには，加熱殺菌が最も重要である．微生物と加熱温度の関係は，先に 2 章で説明した（2.1.2 項 3），2.1.3 項参照）．加熱すれば菌数は減るが，残存菌数は殺菌前の初発菌数に依存するの

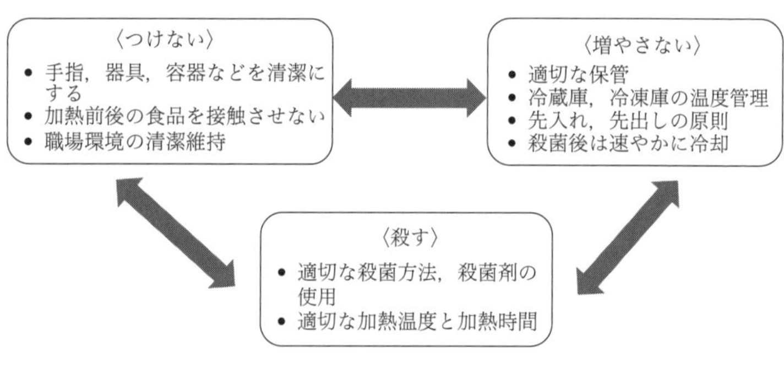

図 4.5 微生物管理の三原則

表 4.1　牛乳・乳製品に関連した主な汚染菌（主として文献 4 を参照，作表）

菌	代表例	汚染源	性状						殺菌条件	症状
			生育温度（℃）	至適温度（℃）	生育pH	至適pH	生育水分活性	至適水分活性		
大腸菌 大腸菌群	*Escherichia* 属 *Enterobacter* 属 *Klebsiella* 属 *Citrobacter* 属	糞便 土壌 自然環境全般							63℃， 30 分間	
黄色ブドウ球菌	*Staphylococcus aureus*	皮膚 鼻孔 毛髪	6.7–48	35–40	4.0–9.6	6.0–7.0	≥ 0.83	0.98	63℃， 30 分間 高濃度食塩下でも発育	毒素産生：耐熱性高い 嘔吐，腹痛，下痢
サルモネラ （*Salmonella*）	*S.enterica* *S.bongori*	動物の腸管 水 土壌	5.2–46.2	35–43	3.8–9.5	7–7.5	≥ 0.94		63℃， 30 分間 乾燥に強い	嘔吐，腹痛，発熱
リステリア （*Listeria*）	*L.monocytogenes*	土壌 水	0–45	30–35	5.6–9.6	7.0	≥ 0.92		63℃， 30 分間	髄膜炎，敗血症，乳幼児，高齢者などでは要注意． 未殺菌チーズ，pH5.5 以上（スタビライズ製法）の未殺菌カマンベールでは増殖のリスク
耐熱性細菌	*Bacillus* 属 *Clostridium* 属								UHT 殺菌でも生残	嘔吐，下痢． 乳製品での症例は少ないが，pH は低下しないが乳凝固など品質劣化．特に，ホットベンダー商品では要注意

サカザキ	*Cronobacter sakazakii*	動物の腸管内 土壌 水							63℃, 30分間	乳児, 未熟児などでは敗血症, 腸炎. 成人では発症しないことが多い. 乳児用調製粉乳の製造, 調乳時に二次汚染
ボツリヌス菌	*Clostridium botulinum* (たんぱく質分解A·B·F型)	水 土壌 蜂蜜	10－48	37－40	4.0－9.6	6.0－7.0	≥ 0.94	0.98	120℃, 4分間	嘔吐, 下痢. 乳・乳製品での発症例は殆どない
	Clostridium botulinum (たんぱく質分解A·B·F型)		3.3－45	30	5.0－9.6	6.0－7.0	≥ 0.97	0.99	80℃, 6分間	
低温細菌 (7℃で発育する細菌の総称：IDFの定義)	*Pseudomonas* *Acinetobacter* *Flavobacterium*	水 土壌							63℃, 30分間 増殖過程で産生されたリパーゼやプロテアーゼは耐熱性	産生酵素による品質劣化

で, “殺菌さえすれば初発菌数が高くても大丈夫” ということにはならない. そのため, 原料には可能な限り初発菌数が低いものを用いることが重要である. 今日では, 北海道内における生乳は, 98%以上が生菌数1.0万/mL以下である[2)] (乳等省令では5万/mL以下).

多くの細菌は63℃ 30分間の低温殺菌で死滅するが, ボツリヌス菌や耐熱性細菌は高温でも生存する場合がある. さらに, 黄色ブドウ球菌は低温殺菌で死滅するが, 産生された毒素 (エンテロトキシン：enterotoxin) は耐熱性が高く, 通常の殺菌では失活しない.

4.2.3　物理的危害および異物対策

HACCPでは，人の健康に被害を与えないような異物については原則として取り扱わないが，異物とともに病原体が混入する可能性があるばかりでなく，消費者に不快感を与え，商品のイメージを損なうことから決しておろそかにできない．

図4.6には国民生活センターに寄せられた食品の異物情報（2014年度分）[6]を示す．また，異物対策については表4.2に示す．原因が判明した異物では虫類の混入が最も多いが，金属片や人体由来の異物も多い．これらの混入をチェックするためにフィルター，金属探知器，あるいは軟X線検知器などが用いられるが，何より重要なことは，これら異物が混入しないような予防措置をとることである．そのためには，施設の構造や動線，防虫・防鼠対策，作業標準，衛生教育など，先に図4.1に示したマネジメントシステムを実践していくことが基本である．

異物混入を防ぎ，作業を効率的に行うために「5S運動」が行われている．5Sとは，整理・整頓・清掃・清潔・しつけである[1]．「整理」とは，乱れている状態を片付けて秩序ある状態にすることで，必要なものと不必要なものを区別する．「整頓」とは，散らばった状態を整った状態にすることである．必要なものは何であり，その量を定め，決められた場所に収納し，必要な時すぐに使用できる状態にすることである．「清掃」とはゴミ，汚れ，異物などを取り除き，きれいな状態にするために掃除することである．整理・整頓がなされていないと清掃も不十分となる．清掃が不完全だと微生物や小さな異物が混入する可能性が残る．「清潔」は，衛生的にきれいに保たれ，汚れがなくきれいな状態を意味する．

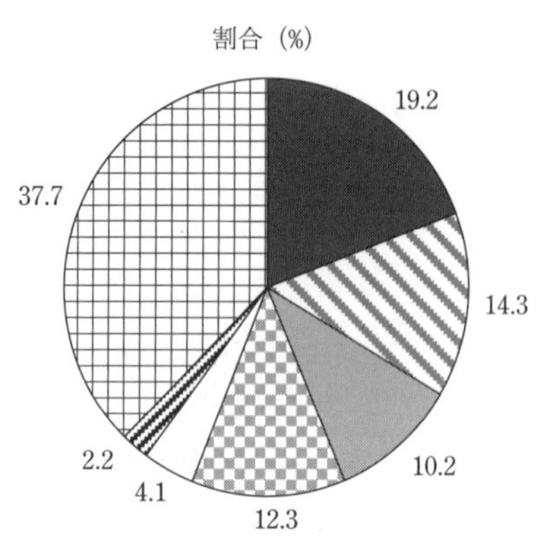

図 4.6 国民生活センターに寄せられた異物内容（2014 年度）（文献 6) より作図）

表 4.2 混入する恐れのある異物と対策

異物	由来	対策
ガラス片	ガラス容器の破片など	フィルター，軟 X 線検知器
金属片	製造機器からのネジや部品，装置のスレ，ステイプラーの針，工具の部品など	フィルター，金属探知器，作業標準
人体由来	毛髪，歯の詰め物，ネイルのつけ爪，ばんそうこう	フィルター，軟 X 線検知器，衛生教育
プラスティック	プラスティック，ビニール片，フィルムやテープ	フィルター，軟 X 線検知器，動線，作業標準
紙・繊維	包装紙片，スポンジやたわし片，布巾やタオルの繊維	フィルター，軟 X 線検知器，動線，作業標準
虫	昆虫の死骸，ネズミの毛など	フィルター，軟 X 線検知器，防虫カーテン，紫外線，ネズミ返し，専門業者による駆除

「しつけ」は，これらの活動を習慣的に実施できるようルール化し，行動基準を作成して全員が決められたことを守るよう動機づけをする．

このような5S活動を通じて微生物や異物の混入を防ぐとともに，作業効率が上がり，人為的ミスがなくなり，職場が活性化することにもつながる．

4.3　食品工場における汚染防止対策

食品工場における衛生管理の目的は，異物の二次的混入と微生物の二次汚染の防止である．そのため，殺菌後から包装までの工程では二次汚染の防止に管理を集中させなければならない．

4.3.1　ゾーニングとバリヤー

ゾーニング（zoning）とは，製造環境を清潔に保つために物理的障壁を設けて区分けすることである[1)]．一般的に，入庫する原材料は汚染区に入れる．次いで，調合工程は準清潔区で行い，清潔区に送る．ここで，充填・包装を行い，準清潔区にて梱包し，汚染区にて保管（通常冷蔵庫）後，出荷する．包材も汚染区から搬入し，準清潔区を経て清潔区に移動させる（図4.7）．人も同様に汚染区から入室し，清潔区に入室する前に作業着や靴を清潔区専用のものに着替え，着帽した上で，手洗いをする．その後，エアシャワー室にてホコリや毛髪などを落とし，消毒液にて靴を消毒後，清潔室に入室する．この際，腕時計，指輪，その他装身具は必ず外さなければならない．これらは微生物汚染の原因となるばかりでなく，異物にも

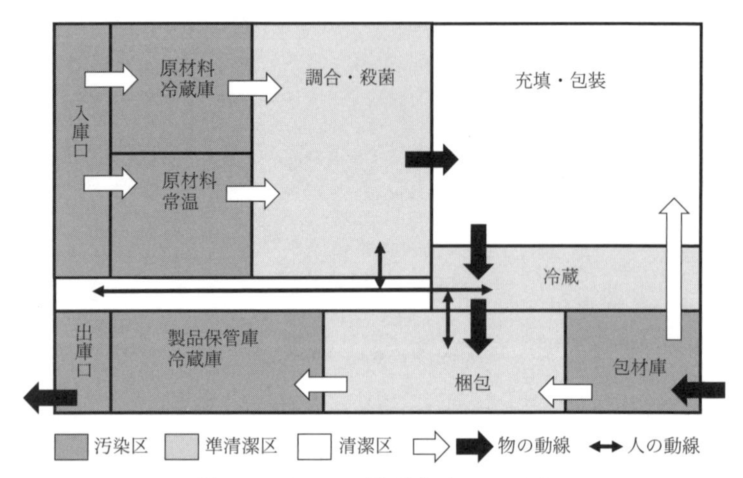

図 4.7 ゾーニングと動線（イメージ図）

なり得る．エアシャワー室や靴の履き替え場所は，菌や異物を持ち込ませないためのバリヤー（barrier）である．防虫・防鼠設備や断熱扉などもバリヤー設備の一種である．なお，香水は異物ではないが，場合によっては臭い移りの原因となるので留意する．

このように，汚染された物や人の流れ（動線）を定め，清潔な物や人の交差汚染を防ぐようにしなければならない．

4.3.2 空気と床

外部から空気が流入すると，それに伴い空中浮遊菌が増え，浮遊菌はやがて落下細菌となり製品を汚染することになる．このため，窓やドアを閉め密閉性を高めなければならない．HEPA フィルターを用いた空気清浄器を設置することは，浮遊細菌を低減させるために有効である．

また，床面が濡れていると微生物が増殖しやすいうえに，水はねすると汚染物が混入する原因となる．このため，できる限り製造室の床面は排水をよくし，乾燥状態を維持する．

4.3.3　洗　浄

機械や器具の洗浄は微生物の栄養源を除去し，殺菌効果を高めるために行われる．しかし，洗浄が不十分で，部分的な汚れが蓄積すると，そこに微生物が増殖する．特に，定置洗浄（clean in place: CIP）を行う場合，洗浄液が十分に行きわたらないデッドスペース（dead space）には汚れが蓄積している場合があるので注意する．

洗浄した後に殺菌剤（通常，次亜塩素酸ナトリウム）に漬けて殺菌する．しかし，次亜塩素酸ナトリウムの殺菌力はたんぱく質など有機物が存在すると殺菌力が激減する[3]ので，十分な洗浄を行った後に使用する．

4.4　消費期限と賞味期限

4.4.1　消費期限と賞味期限の定義[7]

消費期限（expire date）とは，定められた方法により保存した場合において，腐敗，変敗，その他の品質の劣化に伴い安全性を欠く恐れがないと認められる期限を示す年月日と定義される．通常，豆腐や低温殺菌牛乳などが該当し，おおむね5日以内である．消費期限を過ぎると，安全性を欠く可能性があるので，食べてはならない．

賞味期限（shelf life）とは，定められた方法により保存した場合，期待されるすべての品質の保持が十分に可能であると認められる期限を示す年月日と定義されている．ただし，当該期限を超えた場合であっても，これらの品質が保持されていることがあるものとする．したがって，賞味期限を過ぎた食品であっても，必ずしもすぐに食べられなくなるわけではないので，消費者が個別にその食品が食べられるかどうかについて判断する必要がある．通常の乳製品には賞味期限が付けられる．なお，賞味期限が3カ月以上の場合は，年月のみの表示でもよい．

4.4.2 消費期限および賞味期限の設定[7)]

消費期限および賞味期限の設定は，「定められた方法」で科学的根拠に基づいて設定される．消費者庁が定めたガイドライン[8)]には，設定に関する概要が示されている．基本的な考え方は，①食品の特性に配慮した客観的な項目（指標の設定），②食品の特性に応じた安全係数の設定，③特性が類似している食品に関する期限の設定，④情報の提供，である．

「特性に配慮した客観的な指標」とは，理化学試験，微生物試験，官能検査などが含まれる．微生物検査では，一般細菌，大腸菌群，食中毒菌などの検査を行う．理化学試験では，商品の特性にもよるが色，pH，硬さ，栄養成分などが，官能検査では風味，外観などが含まれる．さらに，必要に応じて，その商品に特に重要な項目(例，ビタミン類，脂肪酸，乳酸菌数など)，特定保健用食品では定められた関与成分の濃度）を検査しなければならない．

このようにして求められた賞味期限に安全係数を掛けて，賞味期限とする．安全係数は1未満の係数で，通常0.8以上を目安にする．

ただし，安全係数をむやみに低く設定することは食品の廃棄ロスが増えることから，適切に設定すべきである．

賞味期限設定の根拠となるデータは必ず記録し，保存する必要がある．消費者から賞味期限の設定根拠の提出を求められた場合は，開示しなければならない．消費期限も同様に設定する．

賞味期限の設定は，原則として輸入食品以外は，その商品の製造業者，加工業者，または販売業者が設定する．輸入食品については輸入業者が責任をもって期限表示を設定し，表示する．

なお，賞味期限を過ぎた原材料を使用して食品を製造すると，法令違反であるかのように報道されることがある．しかし，賞味期限を過ぎた原料であっても，あらかじめ社内で定められた方法により評価し，使用基準をクリアしていることが確認できれば，原料として使用しても法令違反ではない．ただし，定められた方法で評価せず，現場が勝手に判断して使用した場合は違反になる．

4.4.3　保存試験[9)]

賞味期限は，未開封の状態で，定められた温度で保存した条件での期限である．したがって，保存試験も未開封で，定められた温度で実施する．乳業協会は牛乳・乳製品の期限設定ガイドライン[10,11)]を定めており，詳しくはこれらのガイドラインを参照していただきたい．微生物，理化学および官能検査を実施するほか，容器についても保存試験を行い，容器の損傷，開封性の変化，臭い移りや容器成分の溶出などを調べることが多い．保存中に発生する容器の破損，ピンホールからの内容物の漏れなどはしばしば問題となっている．

引 用 文 献

1) 川口　昇，ミルクの事典，上野川ら編集，朝倉書店，pp.414–417 (2009)
2) 長尾英二，ミルクの事典，上野川ら編集，朝倉書店，pp.410–414 (2009)
3) http://aniki.boo.jp/iso/archives/2006/08/iso_56.html
4) http://www.maff.go.jp/j/nouyaku/n_tisiki/tisiki.html
5) 菊池政則，ミルクの事典，上野川ら編集，朝倉書店，pp.386–394 (2009)
6) 国民生活センター プレスリリース，食品の異物混入に関する相談の概要．1月26日 (2015)
7) 消費者庁，食安基発第0225001号，2月25日 (2005)
8) 消費者庁食品表示課，加工食品の表示に関する共通Q&A　第2集　4月 (2011)
9) 上門英明，ミルクの事典，上野川ら編集，朝倉書店，pp.428–432 (2009)
10) http://www.mac.or.jp/mail/080910/pdf/080910_02.pdf#search=%27%E4%B9%B3%E6%A5%AD%E5%8D%94%E4%BC%9A+%E6%9C%9F%E9%99%90%E8%A8%AD%E5%AE%9A+%E3%82%AC%E3%82%A4%E3%83%89%E3%83%A9%E3%82%A4%E3%83%B3%27
11) http://www.mac.or.jp/mail/080910/pdf/080910_01.pdf#search=%27%E4%B9%B3%E6%A5%AD%E5%8D%94%E4%BC%9A+%E6%9C%9F%E9%99%90%E8%A8%AD%E5%AE%9A+%E3%82%AC%E3%82%A4%E3%83%89%E3%83%A9%E3%82%A4%E3%83%B3%27

5. 乳・乳製品の栄養健康機能

5.1 乳・乳製品の栄養

表5.1は牛乳やチーズを摂取（牛乳：200 g，チーズ：30 g）した場合に，「食事摂取基準2015」が定める各栄養素について所要量の何%を満たすことができるかを算出したものである．牛乳およびチーズは脂質，カルシウム，リン，およびビタミンB_{12}を，牛乳ではさらにビタミンB_2およびパントテン酸を，チーズでは亜鉛を必要量の10%以上摂取できる．特に，カルシウムは30%以上，ビタミンB_{12}は20%以上摂取可能である．このように，単位重量，あるいは単位エネルギー当たりに含まれる栄養素が多い食品を「栄養素密度（nutrient density）が高い食品（nutrient rich food）」という．乳・乳製品はもちろん，卵，肉類，豆類，穀類などは単独でも所要量の多くを満たすことができ，必要な栄養素を効率的に摂取することができる．

ある食品に含まれる特定の栄養素について議論する場合，100 g当たりの含有量のみならず，実際の摂取量や吸収率も考慮しなければならない．牛乳のカルシウムは，野菜類のカルシウムに比べて2倍程度吸収率が高い[1)]．しかも，乳・乳製品を摂取するとカルシウムだけでなくたんぱく質，脂肪，リン，カリウム，ビタミンB群など様々な栄養素も摂取することができる．そのため，乳・乳製品は世の中にある食品中で，最も優れた栄養食品の１つであるといえる．

表 5.1 牛乳 200 g，チーズ 30 g で食事摂取基準値の何％を摂れるか

成分	基準値	普通牛乳 100g	普通牛乳 200g(%)	ゴーダ 100g	ゴーダ 30g(%)	プロセス 100g	プロセス 30g(%)
エネルギー kcal	2,200	67.0	6.1	380.0	5.2	339.0	4.6
たんぱく質 g	81	3.3	8.1	25.8	9.6	22.7	8.5
脂質 g	62	3.8	**12.2**	29.0	**14.0**	26.0	**12.5**
炭水化物 g	320.0	4.8	3.0	1.4	0.1	1.3	0.1
ナトリウム mg	2,900	41.0	2.8	800.0	8.3	1,100.0	**11.4**
カルシウム mg	680	110.0	**32.3**	680.0	**30.0**	630.0	**27.8**
鉄 mg	6.8	0.0	0.0	0.3	1.3	0.3	1.3
リン　mg	900	93.0	**20.7**	490.0	**16.3**	730.0	**24.3**
マグネシウム mg	320	10.0	6.3	31.0	2.9	19.0	1.8
カリウム mg	2,800	150.0	10.7	75.0	0.8	60.0	0.6
銅 mg	0.9	0.01	2.2	0.02	0.7	0.08	2.7
亜鉛 mg	8.8	0.4	9.1	3.6	**12.3**	3.2	**10.9**
ビタミン A μg	770	38.0	9.8	260.0	**10.1**	240.0	9.4
ビタミン D μg	5.5	0.0	0.0	0.0	0.0	0.0	0.0
ビタミン E mg	6.3	0.1	3.1	0.8	3.9	1.1	5.2
ビタミン K μg	150	2.0	2.7	12.0	2.4	2.0	0.4
ビタミン B_1 mg	1.2	0.04	6.7	0.03	0.8	0.03	0.8
ビタミン B_2 mg	1.4	0.15	**21.4**	0.33	7.1	0.38	8.1
ナイアシン mg	13	0.1	1.5	0.1	0.2	0.1	0.2
ビタミン B_6 mg	1.3	0.03	4.6	0.05	1.2	0.01	0.2
葉酸 μg	240	5.0	4.2	29.0	3.6	27.0	3.4
ビタミン B_{12} μg	2.4	0.3	**25.0**	1.9	**23.7**	3.2	**40.0**
パントテン酸 mg	4.8	0.55	**22.9**	0.32	2.0	0.14	0.9
ビタミン C mg	100	1.0	2.0	0.0	0.0	0.0	0.0

太字は基準値の 10％以上摂取可能な栄養素．基準値：食事摂取基準 2015，成分値：七訂食品成分表（文献 1)）．

5.2　乳糖不耐症

乳糖不耐症とは，乳糖を含む乳製品を摂取すると，下痢，腹痛，膨満感など不快な症状を呈する一過性の症状である．乳児においては，乳糖を摂取すると小腸粘膜から分泌される乳糖分解酵素によりグルコースとガラクトースに分解され，小腸から吸収される．しかし，成長するに伴い，次第に乳糖分解酵素が分泌されなくなる．このため乳糖が分解されず，小腸から吸収されることなくそのまま大腸に至る．その結果，大腸の浸透圧が高まり，体内の水分が大腸に入り込み乳糖濃度を下げようとする（図 5.1）．また，乳糖のまま大腸に至ると，大腸に棲息している細菌の働きにより乳糖が分解されガスが発生する．このため，乳糖不耐症の人が牛乳を飲むと膨満感や腹痛を起こすことがある．世界的には一部の民族を除いて，多く

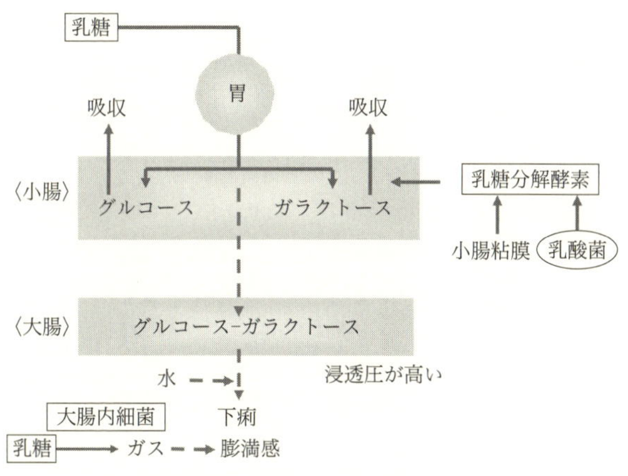

図 5.1　乳糖不耐症の発症機構

の人々は成長すると乳糖分解酵素を分泌できなくなるので，乳糖不耐症は世界共通の症状である．

しかし，日本人でも多くの方が牛乳を飲んでも不快な症状が現れない．この理由として，腸内細菌の影響が考えられる．日常的に乳糖分解酵素を分泌する細菌（乳酸菌など）を摂取する食生活をしていれば，乳酸菌が分泌する乳糖分解酵素の働きで乳糖が分解され小腸から吸収される．乳酸菌が優勢となる食事としては，①生きたまま腸管に到達する乳酸菌（プロバイオティクス）を含む食品（発酵乳など）の摂取，②乳酸菌が生息しやすい腸内環境をもたらす成分（プレバイオティクス：乳糖，オリゴ糖など）を含む食品（牛乳，一部の発酵乳など）の摂取が考えられる．また，乳糖含量が低いチーズの摂取は乳糖不耐症の発症予防に有効である．

表 5.2 には牛乳・乳製品に含まれる乳糖含量を示す[2,3]．チーズでは，製造時にホエイを排除するため（3.5.2 項 4），図 3.1 参照），ホエイとともに乳糖の大部分が排除される．ヨーグルトでは，乳糖は乳酸菌スターターにより分解され乳酸が生成する．このため，ヨーグルト中の乳糖含量は牛乳中のそれよりかなり低下する．しかし，実際にはヨーグルト製造時に乳固形分を高めるために，脱脂粉乳やホエイ紛を添加する場合がある．このため，ヨーグルト中の乳糖含量は牛乳とほぼ同じか，やや低いレベルである（3.4.4 項 2）参照）．それでも乳糖不耐症になる人が有意に少ないことが知られており[4]，乳酸菌が分泌した乳糖分解酵素（β-ガラクトシダーゼ：β-galactosidase）が活性を保持したまま腸管に到達し，乳糖を分解するためと推測されている[5]．

なお，乳糖不耐症の方であっても，1 回に最低 12 g の乳糖（牛

表 5.2　牛乳・乳製品中の乳糖含量

乳製品		乳糖含量（g/100g）	
市乳		4.7 ～ 4.8	（文献 1）
ヨーグルト（全脂無糖）		4.9	（文献 1）
チーズ	ゴーダ	1.4	（文献 1）
	チェダー	1.4	（文献 1）
	カマンベール	0.9	（文献 1）
	モッツァレラ	0 ～ 3.1	（文献 3）
	リコッタ	0.2 ～ 5.1	（文献 3）

ヨーグルト：乳糖の一部が乳酸に変化するので，乳糖含量は低い．しかし，実際は牛乳より少し低い程度．生乳以外に脱粉やホエイ粉を配合しているため．
チーズ：カードからホエイオフする際に乳糖も排出されるので，乳糖含量は非常に低い．

乳換算で約 250 mL）を摂取しても不快な症状が現れないことが医学的に検証されている[6]．しかし，牛乳を飲んでまもなく乳糖不耐症とよく似た不快症状を示す成人がいる．EFSA（欧州食品安全機構）もこのような方が多数いることは認めており，乳糖不耐症とは別の症状であると述べている[6]．その理由は，乳糖不耐症は大腸にて起きる症状であるが，乳糖が大腸に到達するには時間がかかるためである．

5.3　乳・乳製品とメタボリックシンドローム

5.3.1　高血圧

チーズは塩分含量が高いことから，高血圧の原因になるのではないかと心配する人もいる．確かに，チーズ製造にはカードを塩漬する工程が欠かせないし，プロセスチーズの製造においても溶融塩の添加は必須である．しかし，1日に摂取する量を考慮すると，塩分摂取量は決して高くはない（表5.3）．

乳・乳製品には高血圧を積極的に抑える働きがある．図5.2に示

表5.3 チーズ摂取による塩分摂取量

食品と1回の摂取量	1回の食塩摂取量(g)	食塩摂取目安量の％(男性) 8g/d	食塩摂取目安量の％(女性) 7g/d
あじの開き1尾130g	1.4	17.5	20
ラーメン1杯	8.1	101.3	115.7
かけそば1杯	6.4	80	91.4
チェダー，ゴーダ，カマンベール30g	0.61	7.6	8.7
カッテージ30g	0.31	3.9	4.4
プロセス18g	0.46	5.8	6.6

食塩目安量は「食事摂取基準2015」の数値と「七訂食品成分表」を使用．

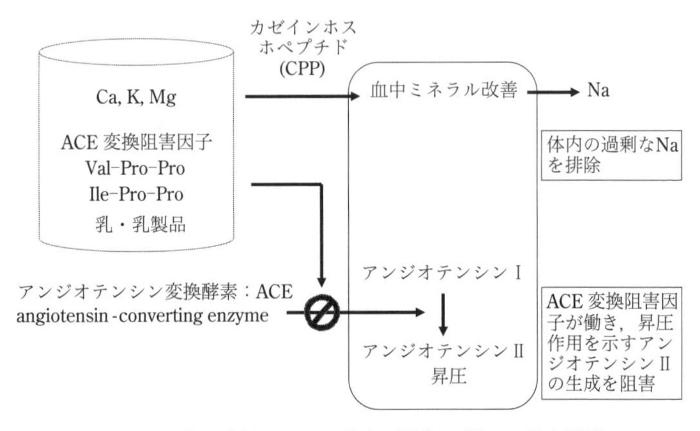

図5.2 乳・乳製品による高血圧抑制に関する推定機構

すように，第一は乳中のカルシウムやカリウムが血中ナトリウムの排出を促し，ミネラル組成を改善する．第二の理由は，チーズや一部の発酵乳中に，カゼインの分解物であるペプチド（Val-Pro-Pro, Ile-Pro-Pro など，乳中のアミノ酸3個からなるペプチドをラクトトリペプチド（lactotripeptide：LTP）という）が存在するためである．血中にはアンジオテンシンⅠ（angiotensin Ⅰ）というポリペプチドがあり，アンジオテンシン変換酵素（angiotensin converting enzyme：ACE）により昇圧作用を持つアンジオテンシンⅡに変換される．このため，ACE を阻害する作用を示す成分があると，アンジオテンシンⅡは生成されないので，血圧上昇は起きない．和食は世界的にも優れた食文化であるが，塩分摂取量が高くなりがちになる．しかし，牛乳を和食に利用することで，塩分を減らしても和食をおいしくすることができる[7]．

5.3.2 糖尿病予防

糖尿病にはⅠ型とⅡ型があるが，日本人の多くはⅡ型糖尿病である．糖質や炭水化物を摂取すると小腸から吸収され，急速に血糖値が上がる．すると膵臓からインスリン（insulin）が分泌され，筋肉などにグリコーゲン（glycogen）として蓄積される．一方，空腹などにより血糖値が下がれば膵臓からグリカゴン（glycagon）が分泌され，血糖値を上げる（図 5.3）．筋肉などに蓄えられたグリコーゲンはエネルギー源となり，基礎代謝や運動量に応じて消費される．しかし，加齢に伴い基礎代謝が低下したり，運動量が減少したりすれば，エネルギーとして消費されるグリコーゲンが減り，余ったグリコーゲンは脂肪として脂肪細胞に蓄えられる．そのため，糖質や

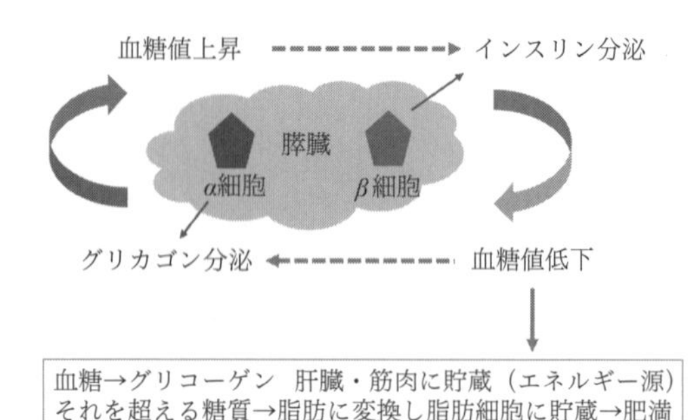

図 5.3　血糖値上昇と低下（イメージ図）

炭水化物の過剰摂取は肥満につながりやすい．

食品を摂取すると血糖値が上がり，やがて低下する．このとき，血糖値の上昇下降曲線の面積を基準食（日本では白米）のそれと比較したものを GI（glycemic index）値と呼ぶ．GI 値が低い食品ほど血糖値の上昇が緩やかであり，II 型糖尿病の血糖値管理に有効である．表 5.4 には各種食品の GI 値を示す．白米，食パン，うどん，じゃがいもなどは高 GI 値食品だが，乳・乳製品，大豆，トマトなどは低 GI 値食品である．GI 値の高い食品の過剰摂取はメタボリッ

表 5.4　高 GI 値食品と低 GI 値食品

高 GI 値食品	GI 値	低 GI 値食品	GI 値
白米	81	牛乳，ヨーグルト	25
食パン	91	バター，チーズ	30 ～ 35
うどん	85	大豆，トマト	30
じゃがいも	90	オレンジ，いちご	30
コーンフレーク	75	日本酒，ビール，ワイン	35 ～ 40
パイナップル	65	ほうれんそう	15

文献 8) より作表．

表 5.5　乳製品摂取とⅡ型糖尿病リスクの関係—メタアナリシス

乳製品	論文数	リスク比	95% 信頼区間	有意差 (p)
乳製品全体 (200g/d)	15	0.95	0.92 ～ 0.98	0.01
低脂肪乳 (200g/d)	8	0.88	0.84 ～ 0.93	0.302
ヨーグルト (50g/d)	7	0.91	0.82 ～ 1.00	0.001
チーズ (30g/d)	7	0.80	0.69 ～ 0.93	0.02

文献 10) より作表.

クシンドロームのリスクを高める[9].

乳製品は血糖値管理に有用であるばかりでなく，日常的な乳製品摂取がⅡ型糖尿病のリスクを低下させる．乳製品摂取と糖尿病の関係を調べた疫学研究は多数ある．多数の論文をメタアナリシス（meta-analysis）した結果では乳製品全体，ヨーグルトおよびチーズでは有意にリスクが低く，低脂肪乳では統計的に有意ではないがリスクが低下する傾向がある[10]（表 5.5）.

5.3.3　乳製品摂取と血清脂質の関係

表 5.6 は，日本の食事摂取基準と FAO（Food and Agriculture Organization：国際連合食糧農業機関）/WHO（World Health Organization：世界保健機構）が定める食事由来の脂質摂取目標を示す．飽和脂肪酸（saturated fatty acid：SFA）（図 1.2 参照）の摂取は血清コレステロール濃度を高め，その結果，循環器系疾患のリスクを上げることが指摘され，それ故に「食事摂取基準 2015」においても 1 日の摂取目標を 7% E（1 日に摂取する SFA に由来するエネルギーを 1 日に摂取する総エネルギーの 7%）未満に設定している．しかし，Siri-Tarino ら[11] は，SFA の摂取と冠動脈疾患や脳卒中との間には相

表 5.6 脂質に関する「食事摂取基準 2015」と FAO/WHO のガイドライン

脂質	摂取基準 2015	FAO/WHO
総脂肪（%E）	20–30（男女共）	20–35
飽和脂肪酸（%E）	目安量：<7（男女 1 歳以上），下限値設定せず	<10
n6 系（リノール，γ-リノレン，アラキドン酸など）（g/d）	目安量：男 4–13，女 4–10	2.5–9
n3 系（α-リノレン，EPA，DHA など）(g/d)	目安量：男 0.7–2.3，女 0.8–2.0	0.5–2
コレステロール (mg/d)	設定せず（科学的根拠少ない）(2015 年版から変更)	設定なし
トランス脂肪酸	設定せず（日本人の摂取量ではリスクは高くない）	<1%E

関はないことを報告している．また，日本における大規模疫学調査[12]でも，SFA 摂取量が多い方が脳卒中による死亡率が低いことが示されている．FAO/WHO は，SFA の摂取を 10％ E 未満としている．

乳・乳製品の脂肪は約 62 ～ 64％程度が SFA からなる．そのため，乳・乳製品の摂取は血清コレステロール濃度を上げ，その結果，心臓病などの疾患リスクを高めると考えられていた．しかし，乳・乳製品の摂取は本当に循環器系疾患のリスクを高めるのだろうか？　これに対しては数多くの研究が行われ，結果は必ずしも一致していない．しかし，最近の疫学調査結果では，牛乳・乳製品の摂取量が多い方が循環器系疾患のリスクが低いと報告している論文が多い．Warensjo ら[13]は，チーズや発酵乳の摂取量が多い方が心筋梗塞を発症させるリスクが有意に低いと報告している．

5.3.4 トランス脂肪酸

FDA（Food and Drug Administration：アメリカ食品医薬品局）が，不飽和脂肪酸に水素を工業的に添加したときに生成するトランス脂肪酸（iTFA）を GRAS（generally recognized as safe：一般的に安全と認められる）認定から外すと発表したことを受け，消費者の関心が高まった．トランス脂肪酸は不飽和脂肪酸の幾何異性体であり（図 1.3 参照），iTFA の他に反芻動物の胃内で生成する天然型トランス脂肪酸（rTFA）もある．iTFA の代表的なものがエライジン酸（elaidic acid），rTFA の代表はバクセン酸（vaccenic acid）である．

FAO は，エネルギー当たり 1% 以上の TFA を摂取し続けると冠動脈疾患のリスクが上がるという理由から，摂取基準を 1% E 未満と定めている（表 5.6）．しかし，rTFA については通常の摂取範囲では健康上のリスクは認められていない．このため，FDA の発表においても iTFA が規制対象となっている．

農水省のホームページ[14]によれば，バターでは 1.7 ～ 2.2，チーズには 0.5 ～ 1.5 g/100 g の TFA が含まれているが，これらは rTFA である．一方，マーガリンでの平均値は 7 g/100 g であるが，主なメーカーのマーガリン中の iTFA 含量は減少傾向にあり，主要製品では 1 g/100 g を下回っている．日本人の多くは TFA 摂取量が 1% E 未満であることから，TFA 含量の商品への表示は義務付けられておらず，「食事摂取基準 2015」にも数値設定はされていない（表 5.6）．日本も加盟している国際酪農連盟（International Dairy

Federation：IDF）も，iTFA と rTFA は区別すべきであると主張している．

5.3.5 乳・乳製品と肥満

乳製品と肥満の関係を調べた疫学研究は多数報告されているが，結果はまちまちである．表 5.7 は，一定の研究水準を満たした論文を集めてメタ解析を行った結果である．これによれば，乳製品の摂取は体重を減らす傾向であるが，有意差はなかった．一方，乳製品摂取と体脂肪の関係では，乳製品摂取が多い方が体脂肪は有意に減少した．すなわち，少なくとも乳製品を毎日摂取することが肥満につながるという科学的根拠はない[15]．

何故，肥満につながらないのか？　その詳しいメカニズムは十分には解明されていない．現在，想定されているメカニズムは，第一には乳のカルシウムが，摂取した脂肪を排出させるという考え方である．通常，摂取した脂肪は胆汁酸により小さな脂肪球となり体内に吸収される．しかし，大量のカルシウムが存在すると，脂肪は小脂肪球になりにくい．このため，吸収されずに便とともに排出される．第二には，体内に吸収された脂肪は，吸収されたカルシウムの

表 5.7 乳製品摂取と体重増加ーメタアナリシス

体重 / 体脂肪	論文数	増減（95% 信頼区間）
体重 (kg)	30	–0.14 (–0.66 ～ 0.38)
体脂肪 (kg)	23	–0.45 (–0.79 ～ –0.11)

介入試験の論文に関するメタアナリシス．乳製品介入後の体重と介入前の体重の増減（文献 15）より作表）．

働きにより複雑な化学反応経路を経て，脂肪酸を酸化しエネルギーとして利用されると考えられている[16].

5.4　乳製品と虫歯予防

乳はその進化の過程で，哺乳類が誕生する前からカゼインが存在し，その役割は歯にリン酸カルシウムを供給することであったと考えられている（図 1.54）．したがって，現在の乳にも，歯にリン酸カルシウムを供給し，歯を防御する作用があっても不思議ではない．実際，牛乳およびチーズには虫歯予防効果があることが WHO によって報告されている[17]．表 5.8 に示すように，牛乳はキシリトールと同程度にその効果が確かである可能性があると評価されており，硬質チーズについてはさらに確実性が高いと評価されている．

歯の表面（エナメル質：enamel）の主成分は，ハイドロキシアパタイト（hydroxyapatite，リン酸カルシウムの結晶）で構成されている．虫歯は，口中の細菌が出した酸によりリン酸カルシウムが溶解し，エナメル質に小さな孔が開くことが原因である．リン酸カ

表 5.8　WHO によるチーズの虫歯予防効果

根拠の質	リスク低下	無関係	リスク増加
確実	フッ素コート	米，ジャガイモ，パンなど澱粉	砂糖
ほぼ確実	硬質チーズ，ノンシュガーガム	新鮮果実	
可能性	キシリトール，牛乳，食物繊維		栄養欠乏
不十分	新鮮果実		乾燥果実

文献 17) より作表.

ルシウムは中性ではほとんど水に溶けないが，酸性（特に pH<5.5）では水に溶けるようになる（図 1.32 参照）．したがって，口中 pH が 5.5 より下がらなければ，エナメル質に孔は開かない，つまり虫歯にはならない．牛乳・乳製品ではたんぱく質やミネラルの濃度が高く，緩衝作用（buffer：少量の酸やアルカリが入っても，pH 変化を起こしにくい作用）があるために，口中 pH が下がりにくい．これが，乳・乳製品による虫歯予防の第一の理由である．図 5.4 に示すように，チーズや脱脂乳では口中 pH が 5.5 以下になりにくいが，砂糖水では摂取 3 分後くらいから 5.5 以下となり，経時的に pH が下がり続ける[18]．そのため，リン酸カルシウムが溶け出し，エナメル質に孔が開く．

第二の理由は，たとえエナメル質に微小な孔が開いても，カゼイ

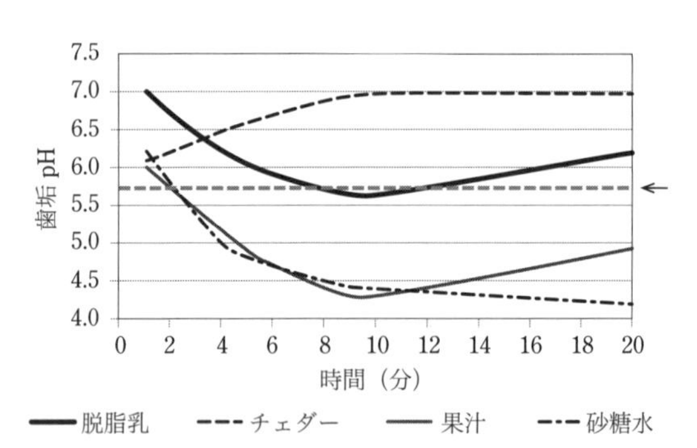

図 5.4　乳製品摂取と口中 pH の経時変化

被験者：5 名（男 3，女 2，26 ～ 38 歳）
朝，水で口を濯いだ後，被験食（固形 5g，液体 5mL）を口中で 1 分間保持．
矢印：pH 5.7　pH<5.7 でエナメル質（リン酸カルシウム）は溶けだしはじめる．pH <5.7 の滞留時間が短い食品は虫歯になりにくい．（文献 18) より作図）．

ンミセルに包み込まれているリン酸カルシウムが孔を塞ぐ．すなわち，乳進化の過程でカゼインが本来的に果たした役割そのものである．第三には，硬質チーズを食べる場合，十分に咀嚼するため唾液中の抗菌成分の働きで虫歯原因菌を抑制することが挙げられる．

5.5 乳製品と骨の健康

骨は骨塩（主としてリン酸カルシウム）および骨基質（主としてコラーゲン）で構成され，その比率はおよそ7：3である．骨代謝には骨芽細胞（osteoblast）と破骨細胞（osteoclast）が関わ

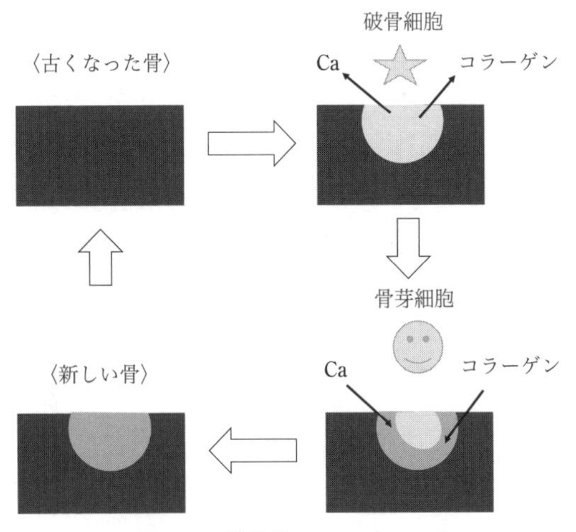

図 5.5 骨組織のリモデリング
古い骨に破骨細胞が働き，コラーゲンを分解し，カルシウムを遊離させることで骨吸収を起こす．すると，骨芽細胞が働きコラーゲンを産生し，カルシウムを沈着する．こうして新しい骨が形成される．

り，骨形成（bone formation）と骨吸収（bone resorption）を繰り返すことで骨が形成される．このような骨の代謝をリモデリング（remodeling）という（図 5.5）．

子供の頃は骨形成が骨吸収より盛んで，骨密度は増えていき，高校生（15 ～ 18 歳）の頃に人生で最大の骨密度を示す．その後，骨形成はやや弱まり，骨吸収と均衡がとれた状態になる．40 歳を過ぎたころから徐々に骨吸収が骨形成より優勢となり，骨密度が低下し始める．女性では閉経を迎えるとホルモン分泌が変化し，急激に骨吸収が進み，骨密度が低下する．その結果，骨粗鬆症になりやすい（図 5.6）．このような，ライフステージによる骨の変化は程度の差こそあれ，避けることはできない．そこで，骨粗鬆症を予防するためには高校生までに骨密度を可能な限り高くするか，40 歳以降の骨密度の減少をできるだけ緩やかにするしかない．最近では若い女性の骨密度低下が問題となっている．牛乳・乳製品を摂取すると

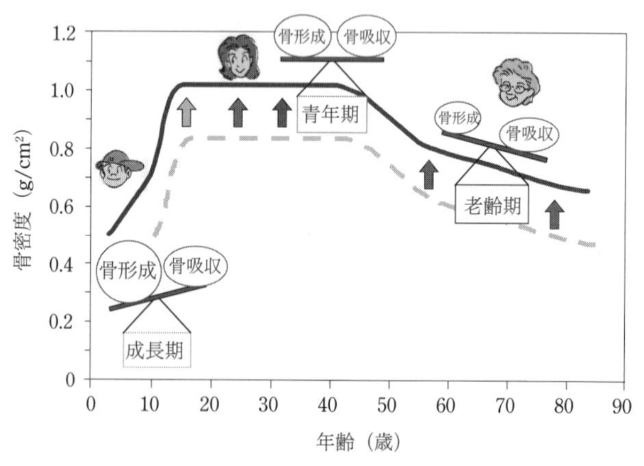

図 5.6 ライフステージと骨の健康

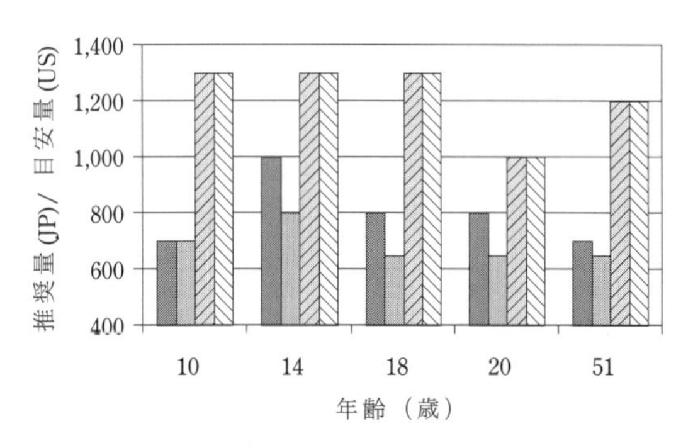

図 5.7　カルシウム摂取推奨量の日米比較
「食事摂取基準 2015」および「米国食事指針 2010」

太るという誤解，間違ったダイエット情報，運動不足などが原因と言われている．

カルシウムの摂取が骨の健康を維持するために重要であることは，世界各国で認められている．図 5.7 には「食事摂取基準 2015」および「米国食事指針 2010」から抜粋したカルシウム摂取推奨量を示す．日本では年齢や性別により 650 ～ 1,000mg/ 日であり，米国では 1,000 ～ 1,300mg/ 日である．上述したように，骨は骨塩と骨基質から構成されていることから，カルシウムのみならず良質なタンパク質を摂ることが重要である．したがって，乳製品は骨の健康のために最良の食品であるといえる．

5.6 乳製品と運動

運動は骨の健康やメタボリックシンドローム（metabolic syndrome：いわゆるメタボ）の予防など，健康を維持していく上で極めて有益である．しかし，激しい運動は筋肉損傷を伴う．また，筋肉量の低下は高齢者の多くに認められ，サルコペニア（sarcopenia）と呼ばれる．損傷した筋肉を回復させたり，減少した筋肉量を増やしたりするにはたんぱく質の摂取が不可欠であり，特にバリン（Val），ロイシン（Leu），イソロイシン（Ile）（分岐鎖アミノ酸：branched amino acid：BCAA），とりわけLeuの摂取が有効である[19]．国際スポーツ栄養学会の公式見解[20]では，BCAAは運動により損傷を受けた筋肉の回復に有効であると認めている．

表5.9に示すように，乳たんぱく質にはBCAAが多い．したがって，乳・乳製品はBCAAを効率的に摂取するのに最適なのである．

表 5.9 BCAA含量の比較（g/100g）

食品	たんぱく質	Ile	Leu	Val	BCAA計
カゼイン100g[a]		4.9	8.4	6.0	19.3
ホエイたんぱく質100g[b]		6.4	10.6	5.9	22.9
普通牛乳[a]	3.3	0.20	0.36	0.25	0.81
チェダー[a]	25.7	1.4	2.5	1.8	5.7
リコッタ[c]	11.26	0.589	1.221	0.692	2.5
プロセスチーズ[a]	22.7	1.2	2.3	1.6	5.1
豆乳[a]	3.6	0.18	0.31	0.19	0.68
卵白[a]	10.5	0.60	1.00	0.80	2.4
サーロイン赤身[a]	11.1	0.61	1.10	0.64	2.35

a): 文献21，b): 文献22，c): 文献23.

5.7　最近わかってきた乳製品の健康効果

ここまで，乳製品の栄養および健康機能について説明してきた．しかし，他にも様々な健康機能がある．それらについてはまだ研究の歴史が新しく，論文数も多くない．しかし，今後さらに研究が進めば詳しいことが明らかになると期待される．ここでは，それらの新しく解明されつつある機能について紹介する．

5.7.1　美肌効果

先に1章1.6.1項にて説明したように，哺乳類が誕生する前から，卵の水分逸散を防ぐために皮膚腺から水分や脂肪が分泌されてい

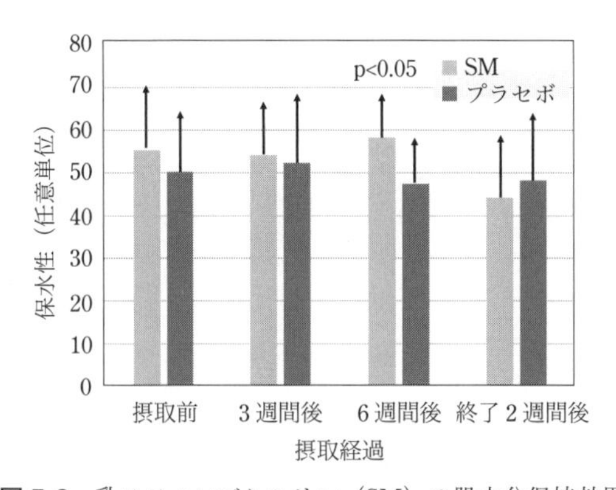

図5.8　乳スフィンゴミエリン（SM）の肌水分保持効果

20～40歳代の健常な男女25名．被験食：SM 22 mg/d，プラセボ：同量の大豆レシチン．
肌が乾燥する冬季に実施し，左目の下における水分保持性を評価．SM摂取6週間後で，大豆レシチン投与群より水分保持が有意に高かった（文献26）より作図）．

た．このような機能が乳に残っていても不思議ではない．実際に，脂肪球被膜[24]や牛乳リン脂質画分（リン脂質：phospholipid，リン酸化された脂質で，脂肪球被膜やバターミルクに多い）のうち，スフィンゴミエリン[25]（sphingomyelin，大豆や卵に比べて牛乳中に特異的に多い）には肌の保湿効果があることが報告されている（図5.8）．

5.7.2 認知症予防効果

最近，乳製品摂取と脳機能，あるいは認知症との関係についての報告が増えてきた．ホエイ中の主要たんぱく質の1つであり，乳糖合成に関与する α-ラクトアルブミン (α-La)（図1.1，図1.14参照）は脳内のトリプトファン（Trp）を増やす．Trpはセロトニン（serotonin：Trpから作られる脳内神経伝達物質）に変換される．このため，日常的にストレスが高い人がホエイたんぱく質を摂取すると，記憶学習能が向上する[26]．

日本においてもOzawaら[27]は，福岡県久山町で高齢者の食事パターンと認知症発症リスクの関係を調べ，大豆，海藻，乳製品の摂取量が多く，米の摂取が少ない食事パターンをしている人たちの認知症発症リスクは低いことを報告している．

図5.9は各種チーズによるTNF-α産生抑制効果を示す[28]．TNF-αとはtumor necrosis factor（腫瘍壊死因子）の略であり，TNF-αが増えると認知症原因物質も増えることがわかっている．この実験は認知症モデルマウスを用いた実験であるが，どのチーズであってもコントロールと比べるとTNF-α産生量が減少しており，とりわけカビ系チーズで顕著である．有効成分はオレイン酸アミドやデヒド

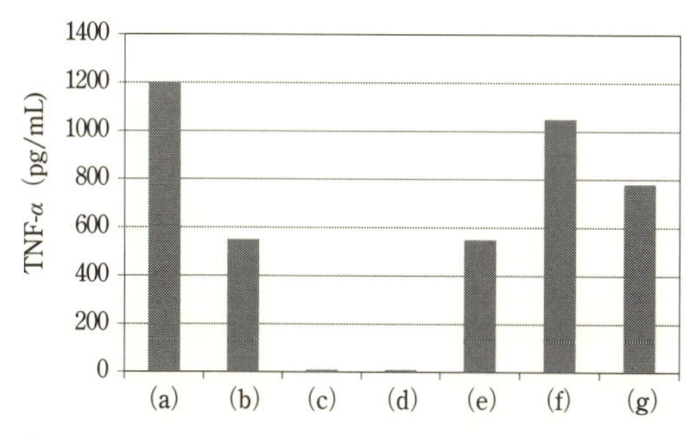

(a) コントロール, (b) モッツァレラ, (c) カマンベール
(d) ゴルゴンゾーラ, (e) ゴーダ, (f) グラナ
(g) パルミジャーノ

図 5.9 各種チーズの TNF-α 産生抑制効果

カビ系チーズには TNF-α 産生を抑える作用があり，カマンベールを食べさせたマウスを使った動物実験からも認知症の抑制に有効であった．チーズ中のオレイン酸アミドおよびデヒドロエルゴステロールが有効成分．

TNF-α：腫瘍壊死因子，tumor necrosis factor，細胞が出すたんぱく質（サイトカイン）の一種で固形ガンを壊死させる．その一方で，関節炎，インスリン感受性の低下，骨粗鬆症などに関連．TNF-α が多いと認知症原因物質の産生を増やす（文献 28) より作図)．

ロエルゴステロール（dehydroergosterol）などで，チーズの脂肪からカビや乳酸菌の働きにより生成したと考えられる．

引 用 文 献

1) 上西ら，日本栄食誌 **51**：259-266 (1998)
2) 七訂日本食品成分表
3) *Am. J. Clin. Nutr.* **48**：1099-1104 (1988)
4) Kolars *et al.*, *N. Engl. J. Med.*, **310**：1-3 (1984)
5) Martini *et al.*, *Am. J. Clin. Nutr.*, **45**：462-436 (1987)

6) EFSA Panel on Dietetic Products, Nutrition and Allergies, *EFSA J.*, **8**：1777 (2010)
7) 小山浩子，乳和食，中村丁次監修，主婦の友社 (2013)
8) http://www7.plala.or.jp/pon31/gi.html
9) Murakami *et al.*, *Am. J. Clin. Nutr.* **80**：1161-1169 (2006)
10) Gao *et al.*, *PLoS One* **8**：e73965 (2013)
11) Siri-Tarino *et al.*, *Am. J. Clin. Nutr.* **91**：535-546 (2010)
12) Yamagishi *et al.*, *Am. J. Clin. Nutr.* **92**：759-765 (2010)
13) Warensjo *et al.*, *Am. J. Clin. Nutr.* **42**：194-202 (2010)
14) http://www.maff.go.jp/i/syouan/seisaku/trans_fat/t_kihon/content.html
15) Chen *et al.*, *Am. J. Clin. Nutr.* **96**：735-747 (2012)
16) Dougkas *et al.*, *Nutr. Rev.* 2011 doi:10.1017/S095442241000034X
17) WHO Technical Report Series no916：105-128 (2003)
18) Jensen & Schachtele, *J. Dent. Res.* **62**：889-892 (1983)
19) 葛谷雅文，化学と生物　**52**：328-330 (2014)
20) Campbell *et al.*, *J. Int. Soc. Sports Nutr.* **4**：8 (2007)
21) 七訂日本食品成分表　アミノ酸
22) https://s1.thcdn.com/design-assets/documents/myprotein/Amino % 20Acid % 20Profiles/AminoAcid-Profile-impactwhey-proteinnew.pdf#search=%27amino+acid+composition+whey+protein%27
23) http://skipthepie.org/dairy-and-egg-products/cheese-ricotta-whole-milk
24) 後藤ら，日本栄食誌　**65**：105-111 (2012)
25) 春田裕子，乳業技術　**63**：38-51 (2013)
26) Markus *et al.*, *Am. J. Clin. Nutr.* **75**：1051-1056 (2002)
27) Ozawa *et al.*, *Am. J. Clin. Nutr.* **97**：1076-1082 (2013)
28) Ano *et al.*, *PLoS One* **10**：e0118512 (2015)

6.　酪農・乳業史概論

6.1　乳利用の起源

人類が動物を家畜化した目的は，家畜を屠殺して肉を食べるためだとすれば食糧生産としては効率が悪い．なぜなら，ヒツジ，ヤギなどは年に1度，少数の仔しか生まないからである．それ故に，動物を家畜化する目的は，元本である動物を生かしたまま，利子である乳を利用することにあったと考える方が合理的である[1,2]．そのためには搾乳技術の発明が必須である．しかし，母親の近くに仔をつなぎ，仔に与えるために分泌された乳を搾取するという搾乳技術は必ずしも容易に開発されたものではなく，世界的には動物を農耕の補助や物資運搬用に利用しても，搾乳技術には気づかなかった民族の方が多かった．遺跡から出土する動物の骨を解析した結果から，最初にヤギやヒツジを家畜化し搾乳を行った地域は西アジアであり，B.C.8700～8500年頃と考えられている（表6.1）．現在は砂漠化しているが，B.C.5000年頃のサハラは緑豊かであり，出土した土器の脂肪酸分析[3]や，洞窟に描かれた壁画などから，搾乳が行われていたことが示されている[4]．さらに，出土した土器の形状，内部に付着した動物脂肪の分析，出土物に描いてあった図像などから，乳利用の証拠が見つかった．最近，ヨーロッパの遺跡から出土した人骨の歯石を分析し，人乳には含まれていないホエイたんぱく質であるβ-ラクトグロブリン（β-Lg）のペプチド断片が検出され，

表 6.1　酪農・乳業史（乳利用の始まり）

年代	出来事	出典／根拠
B.C.8700 ～ 8500	南東アナトリア（トルコ）においてヤギ，ヒツジの家畜化	遺跡から出土した動物骨の分析
B.C.7000	西アジア全域でヒツジ，ヤギの家畜化	骨の分析
B.C.7000	乳利用の痕跡	遺跡より出土した土器に付着した動物脂肪の分析
B.C.6500	乳加工の痕跡	①　土器付着動物脂肪の分析 ②　孔の開いた土器形状
B.C.6400	西アジアにおいてウシの家畜化	骨の分析
B.C.4000	西アジアでは，遅くともこの頃までにはウシから搾乳されていた	ウルク（イラク南部）から出土した円筒印象
B.C.3000	ウシからの搾乳と乳加工（バター？）	ウバイド（イラク南部）から出土したフリーズ（円柱に描かれた絵画）
B.C.3000 ～ 2000	ハンガリー，イタリア，ロシアから発掘された人骨の歯石から β-Lg 由来のペプチド断片を同定	人乳は β-Lg を含まず，獣乳には含まれるので，獣乳飲用の直接証拠
B.C.1980 ～ 1450	ケフィアを濃縮乾燥させたチーズ（現存する最古のチーズ）の利用	新疆ウイグル地区の遺跡から出土したミイラの首周辺固形物を遺伝子解析

ヨーロッパでも，遅くとも B.C.3000 年頃までには搾乳が行われていたことが明らかになった[5)]．また，新疆ウイグル地区で発掘されたミイラの首周辺に固形物がネックレス状に置いてあり，それを分析した結果，ケフィアを濃縮乾燥させたチーズであることが判明した[6)]．現存する最古のチーズである．

西アジアにおいて始まった乳加工技術はアジア南部およびヨーロッパに伝播し，アジア北方にも伝播した．このような乳加工文化

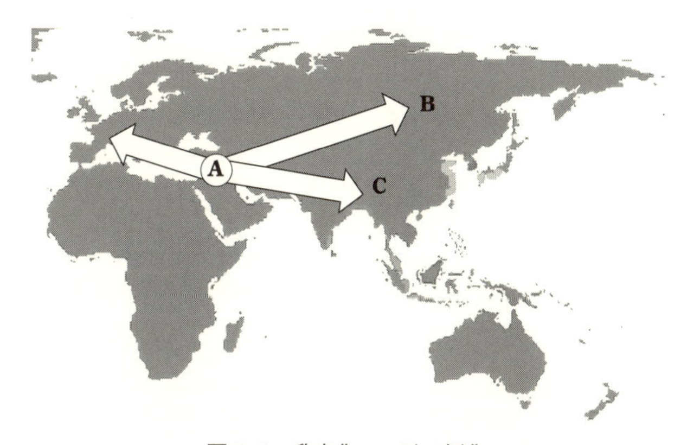

図 6.1　乳文化の一元二極化
A：西アジアにおける乳文化の発祥，B：アジア大陸北方域の乳文化，C：アジア大陸における南方域の乳文化（文献 1) より作成）．

の一元二極化[7] を図 6.1 に示す．西アジアにおいて発祥した最初の乳加工は生乳を静置し酸乳にすることから始まった．これは，環境中の乳酸菌が乳に混入したものと推察される．酸乳をチャーニングしてバターとバターミルクを作り，バターからはバターオイルを，バターミルクは加熱してチーズ様の凝固物を作ったと考えられている（図 6.2 A)．乳加工がアジア北方に伝わるにつれて，冷涼な気候では静置した生乳は酸乳になる前にクリームが浮上する．そこで，まずクリームを分離し，残った脱脂乳から酸乳を作った．次に酸乳をチャーニングし，残っている脂肪分を分離してバターミルクを加熱，あるいは酸乳を加えてカードを得た（図 6.2 B)．アジア南方へは西アジアにおける乳加工がそのまま伝わったが，チーズ様の凝固物を得るために加熱，酸のみならず主として植物由来の凝乳酵素が用いられた（図 6.2 C)．しかし，インド西部ではバターミルクからチーズ様凝固物は作られなかった．この理由として平田[8)]は，インドでは年間を通じて搾乳が可能であり，乳たんぱく質を保存する必要がなかった点，および豆類の栽培が盛んであり，豆からたんぱく質を豊富に摂取することが可能であった点を指摘している．一方，B.C.1500年頃から長い年月を経て編纂された「ヴェーダ聖典」には，酸凝固や植物由来の凝乳酵素を利用した様々なチーズに関する記載があり，インド固有のチーズであるパニールが作られている[9)]．

乳加工が伝播していくためには，①長期保存が可能なこと，②摂取して不快な症状が現れないことが必要である[7)]．そこで，長期保存を可能にするために，カードとホエイを分離する工程，カードを圧搾する，天日乾燥，あるいは加熱濃縮することでホエイ（水分）

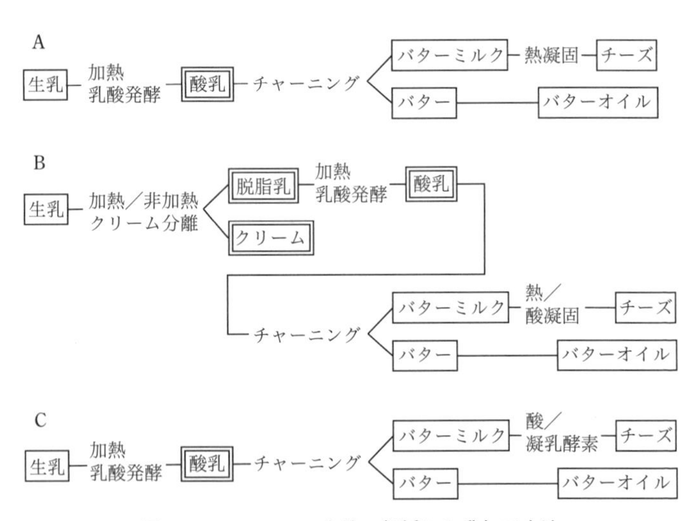

図 6.2 ユーラシア大陸に伝播した乳加工方法

A：西アジアにおける乳文化の発祥，B：アジア大陸北方域の乳文化，C：アジア大陸における南方域の乳文化（文献1）より作成）．

を低下させる工程，塩漬けする工程などが開発された．すなわち，現在のチーズ製造工程の根幹をなす工程が開発されたのである．さらに，乳糖不耐症が多かった西アジアの牧畜民でも，チーズであれば何ら問題なく食べることができた．

このようにして，チーズに加工することで保存性と乳糖不耐症という問題点を解決すると，宗教の伝播に伴ってヨーロッパにも広がった[9]．荘園においては女性が中心的な労働力となり，各地の環境に適した様々なチーズが作られるようになった．

6.2　日本における乳文化の伝来

表 6.2 には，日本における乳文化の伝来に関する年表を示す．日本に乳文化が伝わったのは 7 世紀中頃，呉の帰化人である善那が孝徳天皇に牛乳を献上したことが最初と考えられている[10]．この頃，

善男子譬如従牛出乳
従乳出酪
従酪出生酥
従生酥出熟酥
従熟酥出醍醐
醍醐最上
若有服者　衆病皆除

図 6.3　大化の改新の頃に伝わったとされる仏典「涅槃経」の一部
乳から「酪」を，「酪」から「生酥」を，「生酥」から「熟酥」を，「熟酥」から「醍醐」を作る．「醍醐最上」とあり，現在の「醍醐味」の語源となっている．「万病予防」効果があることが記載されている．

表 6.2 酪農・乳業史（日本への伝来～室町時代）

年代	出来事	出典／根拠
6 世紀	大伴連狭手彦(おおとものむらじきてひこ)が朝鮮より酪農技術に優れた一族を連れ，日本に帰化	新撰姓氏録（しんせんしょうじろく，古代氏族名鑑），嵯峨天皇の命令，815 年
500 年頃	北魏の賈思勰(かしきょう)著作による「斉民要術」完成．日本伝来時期は不詳	
7 世紀中頃	中国（呉）の帰化人善那が孝徳天皇に牛乳を献上し，和薬使主（やまとのくすしのおみ）の姓を賜り，乳長上（ちのちょうじょう，医薬を扱う職）に就く	「和名類聚抄」（わみょうるいじゅしょう）：源順（みなもとのしたごう）編，938 年
大化の改新（646）頃	「涅槃経」伝来	
700	貢蘇下命	「政事要略」1008 年
701	飛鳥に乳戸（官制指定酪農家）50 戸設置	大宝律令
713	山背国（やましろのくに）に乳牛院（官制の乳牛飼育舎）および乳戸 50 戸設置	大宝律令
718 頃	「近江国生蘇三合」の記載	平城宮跡から出土した木簡
722	蘇の納品容器を櫃から籠に変更	官符
927	醍醐天皇の命で藤原時平が編集した「延喜式」が完成	
鎌倉時代	密教の修行や儀式に蘇が使用されていた	「覚禅抄」
1334	後醍醐天皇が北陸の諸国に対して貢蘇の下命	「加能史料」南北朝
江戸初期	明朝の李時珍（りじちん）が著した「本草綱目」（1596 年）が日本に伝来	

乳製品の製造方法にも触れている仏典「涅槃経」（図 6.3）も日本に伝わった．三蔵法師の 1 人である玄奘三蔵は仏教の教義を求めてインドを訪問し，大量の仏典を持ち帰り，漢語に翻訳した．「涅槃経」もそうした仏典の 1 つと考えられており[10]，「涅槃経」に記載され

た乳加工はアジア南方乳文化圏の影響を受けている可能性がある．

図 6.4 にはインドの「パーリ聖典」に記載された乳加工法と，「涅槃経」に書かれた乳加工法を示す．「パーリ聖典」の乳化加工法は「涅槃経」の加工法と一致しており，「涅槃経」は「パーリ聖典」に記載されていた乳加工法を漢語訳したものであることを示唆している．平田ら[11] は再現実験を行い，「涅槃経」に記載された「酪」は酸乳，「生酥」はバター，「熟酥」はバターオイルであろうと推定している．ただし，「涅槃経」で「醍醐」に相当する乳製品の作り方は「パーリ聖典」には記載されておらず，再現実験結果から，「熟酥」から溶離してくる低級脂肪酸や不飽和脂肪酸が多いバターオイルのことであろうと推定している．「酪」が酸乳，あるいはヨーグルト様の乳製品であることは多くの研究者が認めるところであるが，「酥」や「醍醐」がどのようなものであったかについては様々な考え方があり，「醍醐」は日本では作られたことはなかったとい

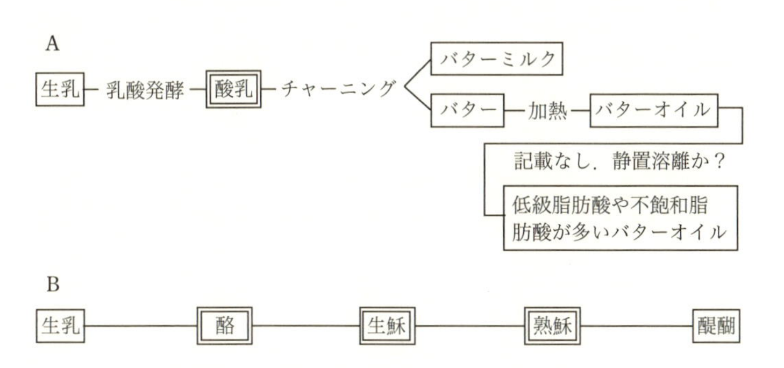

図 6.4　インド「パーリ聖典」に記載された乳加工と，「涅槃経」に記載された乳加工の比較

A：パーリ聖典，B：涅槃経（文献 11) より抜粋，改変）．

う見方もある[12].

図6.5には「斉民要術」(後述)に記載されている乳加工と，その再現実験結果[13]を示す．平田[13]によれば「酪」「漉酪」「乾酪」「穌」などの乳製品の再現を試みたが，「乾酪」については再現できなかった．ここで，生乳を加熱し，乳を柄杓ですくい落とす作業を続け，表面を泡立てた後に静置することにより表面に生じた凝固物を「乳皮」としている．この乳皮がラムスデン現象(1章1.5.3項参照)により生じる皮膜と同じものかどうかは不明である．「乳皮」を取り除いた「酪」の成分組成は生乳のそれに近い[13]が，「乳皮」の成分については不明である．このような乳皮の作り方は，モンゴルにおける「ウルム」の製法とよく似ている．「ウルム」もまた生乳を

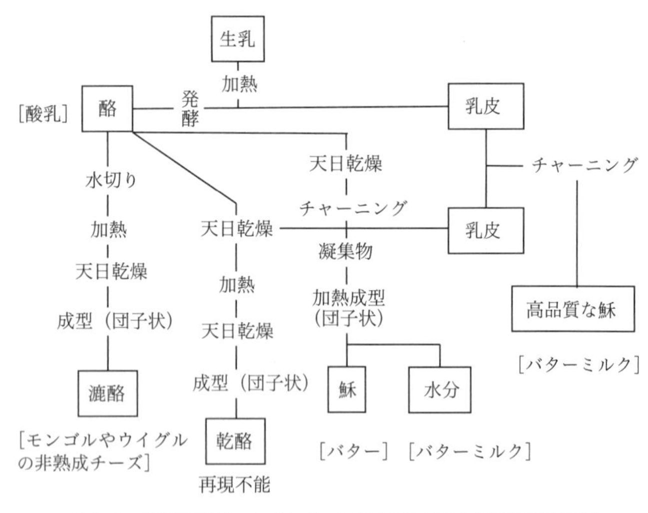

図6.5 「斉民要術」に基づいた乳加工方法と再現実験結果
(文献14)より作成)

加熱し，柄杓ですくい落とすという作業により表面に生じたクリーム状の乳製品である[14, 15]．「斉民要術」は北魏の賈思勰（かしきょう）が書いたもので（表 6.2），モンゴルを含む北方乳文化の流れを汲んでいる可能性がある．有賀ら[16]が「本草綱目」（表 6.2）に基づいて再現実験した結果を，図 6.6 に示す．ここでは「乳皮」を作り，そこから「生穌」「熟穌」や「醍醐」を作ると記載されており，「涅槃経」による加工法と「斉民要術」に記載された加工法が組み合わさっている．一方，「延喜式」（表 6.2）では生乳を 10 倍に加熱濃縮して「蘇」を作っている（図 6.7）．斎藤および勝田の再現実験[17]での濃縮率は 14% が最適で，保存性にも優れていた．「涅槃経」「斉民要術」「本草綱目」などに書かれた加工法とは異なり，生乳を

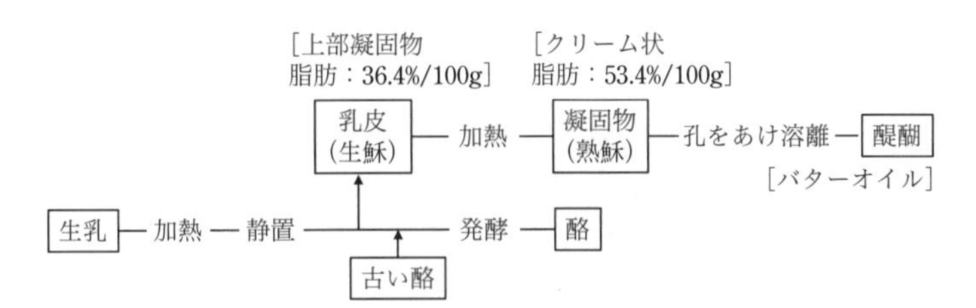

図 6.6　「本草綱目」に基づいた乳加工方法と再現実験結果
（文献 16）より作成）

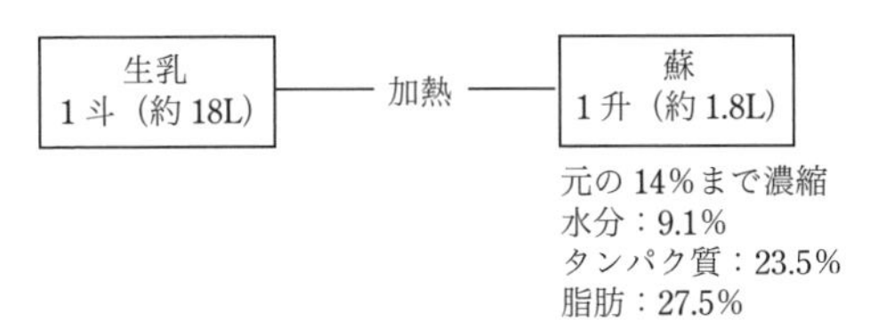

図 6.7　「延喜式」に基づいた「蘇」の製造方法と再現実験結果
（文献 17）より作成）

加熱濃縮して凝固物を得ている点，ならびに「穌」が「蘇」と表記されている点が注目される．「穌」あるいは「蘇」を考える場合重要な点は，日持ちと乳糖不耐症についてである．“貢蘇の命”により都に蘇を運搬しなければならないが，遠国からは1カ月以上の日数を必要とする[10]．東京にも牧場があり，蘇，あるいは穌を朝廷に献上した可能性がある（図6.8）が，遠方から蘇あるいは穌を運搬するには，低水分化され常温流通可能なものでなければならない．この条件を満足する加工法は，「斉民要術」に記載されている「漉酪」および「延喜式」にある「蘇」だけである．「漉酪」は発酵過程で乳糖が乳酸に変換され，さらに水切り（現在のホエイオフ）により乳糖の大部分が除去される．その上で天日乾燥されるので常温流通が可能で，かつ乳糖不耐症の人でも摂食可能であったと考え

図 6.8 神崎の牛牧跡（現，東京都新宿区早稲田　元赤城神社）
文武天皇（701 ～ 704）時代にあった国営牧場跡．多数の牛が飼育されていたため「牛込」と呼ばれ，明治21年には14の牧場があった．

られる．一方，「蘇」は加熱濃縮されているので日持ちの点では問題ないが，乳糖がそのまま濃縮されている．したがって，摂取量にもよるが，「蘇」を食べた後，下痢などの症状を呈した貴族もいたのではないかと推察される．

では，日本に伝わった乳製品がどのようなものであったのか．それについては諸説があり，結論は出ていない．そもそも，乳文化が定着しなかった中国南部の呉出身である善那が乳加工技術を正しく伝えることができたのかとの疑問がある[12]．また，「酪」についても，日本における古文書にはほとんど登場していないことから，日本で作られたかどうかについては意見が分かれている．

「酥」あるいは「蘇」は，貴族の間で医薬品として珍重されていたが，やがて武士が台頭してきて貴族の没落とともに作られなくなった．しかし，「酥」あるいは「蘇」は医薬品として使われただけではなく，仏教の儀式にも使われた[10, 12]．鎌倉時代の密教の儀式に「蘇」が用いられたとの記録がある[18]．しかし，1334 年に後醍醐天皇が北陸諸国に貢蘇を下命したが，足利尊氏が離反し，うやむやになったまま歴史から消え去った．

6.3　江戸時代の乳文化

平戸における外国との限られた交易により日本にも西洋の乳製品が持ち込まれ，それを食べた日本人もいたと考えられるが，日本における酪農の再開は，徳川吉宗が白牛を飼育した 1727 年（1728 年との説もある）である（表 6.3）．白牛は嶺岡牧（現在の千葉県安房地区，嶺岡牧跡地は現在，千葉県畜産総合研究センター）にて飼

表 6.3 酪農・乳業史（江戸時代〜明治維新）

年代	出来事	出典／根拠
1543	ポルトガル船が種子島に漂着	
1603	徳川家康が徳川幕府樹立	
1609	平戸にオランダ東印度会社の商館設立．チーズが日本に持ち込まれる	「平戸オランダ商会の日記」に，「積み荷のチーズにダニがわいた」旨の記載
1614	安房国主里見家所有の「嶺岡牧」を徳川幕府管理下に置く	
1691	オランダ商館が幕府の医師にエダムチースとサフランチーズを贈与	「日本誌」（ケンペル著）
1692	「本朝食鑑」にて酪や穌を紹介	
1713	「倭漢三才圓会」（寺島良安）が「本草綱目」をもとに乳製品を紹介	
1724	オランダ人の食事の様子とバターが紹介される	「和蘭問答」（今村兵衛英生著）
1727 または 1728	徳川吉宗（8 代）が雌白牛 3 頭を嶺岡牧にて飼育．「白牛酪」を製造	「安房誌」
1792	徳川家斉の命により嶺岡牧の白牛の一部を江戸雉子橋野馬方役所に移し，白牛酪を製造	
1792	桃井源寅（もものいのみなもとのいん），「白牛酪考」を著作．乳製品の健康効果を紹介	
1811	幕府の命により，「厚生新編」（仏人ショメール著作本のオランダ語訳）の和訳開始．但し，明治維新により中断．刊行は昭和 12 年（1937）	
1822	「遠西医方名物考」（宇田川玄真）にて西洋の乳製品を和訳．西洋式チーズ（乾酪，カーズと表記）の製法を日本で最初に紹介	

1854	箱館奉行所設置．二宮尊徳一門に北海道開拓を依頼	
1858	米国総領事ハリスが下田にて搾乳 二宮尊徳一門の大友亀太郎が蝦夷地へ赴任	
1863	徳川斉昭が水戸に弘道館開設．弘道館にある医学館中に養牛場を設置．常時 5, 6 頭の雌牛を飼育し，バター様の乳製品を薬として製造	諏訪綱雄，茨城県獣医師会会報 No.75: 16–22, 2011
1866	米国人リズレー（Richard Risley Carlisle）が横浜にて牛乳の販売を開始	「ジャパン・パンチ」1866 年 8 月号の新聞広告
1863 または 1866	前田留吉が横浜にて牛乳の搾乳と販売を開始	「時事新報」(1899 年 11 月 12 日)．但し，疑義を唱える説もある
1867	松本良順ら，幕府に牛乳飲用の建白書提出	
1868	明治維新	
1870	雉子橋の幕府経営の牛飼養場御厩が閉鎖．「牛馬会社」に改編	

育され，「白牛酪」が製造された．この頃の「白牛酪」は「蘇」と同じようなものと考えられている[19]．筆者が 2011 年に千葉県酪農の里にて入手した資料には“白牛酪はバターのようなもの”と記載されていたが，案内板に書かれていた白牛酪の説明では“牛乳に砂糖を加えて煮詰め，石鹸程度の硬さにしたもの”と記載されていた（図 6.9）．この製法は，現在の加糖煉乳の製法に近い．11 代将軍徳川家斉の時代になると牛の数も増え，一部の牛を江戸に移し，雉子橋の野馬方（のうまかた）役所にて白牛酪を製造していた[20]（図 6.10）．

江戸時代中期以降になると西洋文明が徐々に日本に紹介されるよ

図 6.9 嶺岡牧跡地．現在は千葉県指定史跡「日本酪農発祥地」となっている案内板に白牛酪の説明が書いてある．「白牛の乳を唐銅鍋に入れて，砂糖を混ぜ，火にかけて丹念にかき混ぜながら石鹸位の堅さになるまで煮詰めて亀甲形にしたもので，慶応 3 年まで製造が続けられ薬用として珍重された」と書いてある．人物は筆者．

図 6.10 現在の雉子橋

江戸末期には牛を嶺岡牧から雉子橋にあった野馬方役所に連れてきて，白牛酪を製造し，将軍に献上した．また，日本橋「玉屋」で庶民にも販売された．野馬方役所跡は現在の千代田区役所近辺と考えられている．

うになり，西洋における酪農および乳製品に関する書物が翻訳されるようになった（表 6.3）．特に，「遠西医方名物考」は西洋式の乳製品を日本語で紹介した最初の書物である．

幕末になると米国総領事のハリスが自分用に牛乳を搾乳し，水戸の弘道館においてもバター様の乳製品が薬として作られるようになった（表 6.3）．1866 年になると，米国人リズレーが横浜に搾乳・販売所を開始した．さらに，前田留吉も横浜に搾乳・販売所を開いたと考えられている[21)]が，異論[22)]もある．

6.4　明治時代以降の乳文化

明治時代になると酪農・乳業は主に 3 系統で発展する．1 つは大消費地である東京における搾乳および牛乳販売の流れ，第 2 は嶺岡牧において製造されていた煉乳製造に伴う流れ，第 3 には北海道の開拓と酪農・乳業の発展である．表 6.4 にはこれらの流れを地域別に示す．

表 6.4　酪農・乳業史（明治～大正時代）

年代	東京および千葉と北海道を除いた地方	千葉	北海道
1868	雉子橋の厩舎を政府所轄に 生乳の量り売り開始	嶺岡牧を政府直轄に	
1869	前田留吉　吹上御所にて明治天皇に搾乳を披露 町村房造，横浜でアイスクリーム販売		
1870	明治政府，勧農畜政策．職を失った旧武士の就業支援 築地に「牛馬会社」 阪川富晴，赤坂で牛乳販売 福沢諭吉，「西洋事情」著作．牛乳飲用の勧め		明治政府は莫大な賠償金を支払い，ガルトネル七重村開墾農場を取り戻す

年代	東京および千葉と北海道を除いた地方	千葉	北海道
1871	前田留吉，芝にて牛乳販売 明治天皇，牛乳飲用 京都に牧畜場．牛乳販売		ケプロン（米国農務局長）が開拓使顧問として来日
1872	京都牧畜場にてバター，粉乳を製造販売 近藤芳樹，「牛乳考」著作		
1873	東京府，「牛乳搾取人心得」公布 九段下に「北辰社」．搾乳販売 石黒忠悳（軍医），「長生法」著作		ダン来日．酪農技術指導．開拓使七重開墾場設立
1875			ダン，開拓使七重開墾場着任
1876			エドウィン・ダン，北海道真駒内に開拓使牧牛場． 札幌農学校開校．初代校長（教頭）にクラーク着任
1877	第一回内国勧業博覧会．各地から乳製品出典		
1878		政府直轄の嶺岡牧が「嶺岡牧社」に	
1880		下総種畜場	
1882		下総種畜場にて「井上釜」を使った煉乳製造	真駒内牧牛場が農商務省の所轄に．町村金弥が真駒内牧牛場に勤務
1884	農商務省，「牧牛手引書」発行		
1885	警視庁，「牛乳営業取締規則」公布	「嶺岡牧社」を国に返還	
1866	花島兵右衛門（三島），農牧舎設立		七重農工事務所にて井上釜を用いた煉乳
1887	神津邦太郎，神津牧場開設（群馬県）		
1888	津田牛乳店（東京）がガラス瓶で牛乳販売		
1889	私立忠愛小学校（鶴岡）にて学給開始	「嶺岡畜産（株）」設立	
1891	花島兵右衛門，花島製錬所設立（後の森永乳業三島工場） 小野義眞，岩崎彌太郎，井上勝が3名の頭文字をとって小岩井農場開設(岩手県)		宇都宮仙太郎，札幌に搾乳所．残りの牛乳からバターを製造し豊平館に収めた
1893		根岸新三郎，「安房煉乳所」開設，煉乳，バターの製造開始	
1895		館山から牛乳を船で東京に輸送	

年代	東京および千葉と北海道を除いた地方	千葉	北海道
1902			宇都宮仙太郎,「宇都宮牧場」(上白石」開設．牛乳，バターを製造
1905			黒澤酉蔵，宇都宮牧場に勤務
1911		「嶺岡畜産（株)」は「県嶺岡種畜場」に	
1913			宇都宮仙太郎，チーズ製造
1915			札幌牛乳販売組合．宇都宮仙太郎が会長
1916		安房地区の小規模煉乳所に明治製菓が出資して「房総煉乳（株)」設立．後の明治乳業に．森永製菓が「愛国煉乳合資会社」を買収し,「日本煉乳（株)」設立	
1918	和光堂，育児用粉乳製造		
1921			北海道長官の方針でデンマーク農法を導入
1923	関東大震災		
1924			宇都宮牧場を上野幌に移設し,「宇納農場」開設．佐藤貢が工場技師となりバター，チーズを製造
1925			「北海道製酪販売組合」設立．1926 年に「北海道製酪連合会（通称，道連，後に雪印乳業）に改称．宇都宮仙太郎が組合長
1928	東京警視庁，着色瓶の禁止		道連，ブリックチーズ製造販売
1932	明治乳業，両国工場にてプロセスチーズ製造		
1933	低温殺菌（63-65℃ 30 分間)，高温殺菌（95℃ 20 分間）を制定 藤井煉乳とネスレが提携		黒澤酉蔵, 江別に「酪農義塾」(後の，酪農学園）開設 道連，遠浅工場にて本格的なチーズ生産開始
1936	明治製菓が極東煉乳安房工場を買収		
1941	太平洋戦争開戦		
1944	乳業各社にてカゼインを増産し，軍に納入（木製飛行機製作に必要な接着剤として使用)		

6.4.1 東京における発展

幕末から明治初期にかけて松本良順（表 6.3）や福沢諭吉らが牛乳飲用を勧め，政府も勧農畜政策を打ち出した．この政策は“失職した武士の救済”という意味合いもあったが，富国強兵政策に適合するものでもあった．「安愚楽鍋」という本の挿絵に，恐らく輸入品と思われる乳製品が販売されている様子が描かれている（図 6.11）．

このような機運の中，前田留吉は横浜から東京に移り，牛乳販売を始めた（図 6.12）．また，旧旗本の阪川當晴（さかがわ とうせ

図 6.11 明治初期の乳製品販売風景

「安愚楽鍋」（仮名垣魯文）の挿絵，http://image.search.yahoo.co.jp/search?rkf=2&ei=UTF-8&p=%E5%AE%89%E6%84%9A%E6%A5%BD%E9%8D%8B#mode%3Ddetail%26index%3D4%26st%3D0

牛乳：ミルク，乾酪：チーズ，乳油：バタ，乳の彩：パヲタルなどと書かれている（丸囲み個所）．

図 6.12 北辰社牧場跡

明治初期に榎本武揚が開設し，その後，前田留吉が牛乳搾乳業を営んだ「北辰社」跡．現在の東京都千代田区飯田橋，乳業会館すぐそばにある．

図 6.13 明治中期頃の東京における牧場跡

左：「牛屋横丁」跡をしのぶ「モーモー広場」（現，東京都豊島区北池袋）．多くの牧場があり，「牛屋横丁」と呼ばれた．

右：飯田橋にて牛乳搾乳をしていた北辰社が雑司ヶ谷に移転して開設した牧場跡地に残る，当時から使用していた古井戸（現，東京都豊島区雑司ヶ谷の鬼子母神近く．「七曲の水」と呼ばれている）

どちらも，明治 33 年（1885）に公布された「牛乳営業取締規則」により，都心から近郊に移転した．

い）も赤坂で牛乳販売を始めた．彼らは1873年に「牛乳搾取人心得」が公布されると搾取人組合を結成し，前田留吉が顧問，阪川當晴は頭取に就任した[23]．これ以降，次第に牛乳の衛生管理が進み，1885年には警視庁が，現在の食品衛生法にあたる「牛乳営業取締規則」を公布した．当時，食品衛生は警視庁の管轄であった．この公布により，人口密集地域である都心の搾乳場は近郊に移転した．現在の東京都豊島区雑司ヶ谷付近や牛込地域には多数の牧場があった（図6.13）．

6.4.2　千葉県安房地区における発展

幕府が管理していた嶺岡牧は明治維新とともに明治政府の管轄となったが，近隣住民の強い要望により1878年に株式会社「嶺岡牧社」となった．しかし，すぐに経営難になり1885年に国に返還された．その後，民営化されたがやはりうまくいかず，1911年に県営となった[20]．

牛乳販売業が広まる一方で，思ったほど消費は伸びず，余乳処理のために煉乳を製造する試みがなされた．そうした状況のなか，下総種畜場の井上謙造は煉乳を煮詰める装置である「井上釜」を発明し，品質に優れた煉乳製造に成功した[24]．1893年に設立された「安房煉乳所」にて本格的な煉乳製造が行われ，その後多くの煉乳工場が乱立した．そのような状況下，1916年に「愛国煉乳合資会社」が設立され，翌1917年には森永製菓株式会社が「愛国煉乳合資会社」を買収し，「日本煉乳株式会社」が設立された．これが後の「森永乳業」の前身である．さらに，1916年には「房総煉乳株式会社」が設立され，翌1917年には明治製糖の出資により増資した．「房総煉乳株式会社」は後の「明治乳業」となる．このように，1916～1917年は日本の乳業界に大きな影響を及ぼす年であった[24]．しかし，日本煉乳と房総煉乳は激しい競争関係となり，原料乳調達に関して両社のトップ会談が行われた．その結果，房総煉乳は安房に，日本煉乳は三島にて事業基盤を固めることで合意された[24]．

6.4.3　北海道における発展[25,26]

北海道においては，箱館奉行所からの要請で実施された二宮尊徳一門による開拓や，明治政府からの要請で来日したケプロンによって北海道に導入する作物の試作などが行われた．本格的な開拓は，1873年に米国より来日したエドウィン・ダンの活躍以降となる．1876年には「真駒内牧牛場」の建設が始まり，搾乳場や乳製品加工場なども整備された．同年，札幌農学校が開校し，クラークが初代教頭に就任した．農学校2期生の町村金弥は真駒内牧牛場に勤務し，エドウィン・ダンの指導を受けた．

町村金弥の指導により成長したのが，宇都宮仙太郎と，金弥の長男である町村敬貴（ひろたか）である．町村敬貴は後に「町村農場」を開設し，今日に到っている．宇都宮仙太郎は1902年に「宇都宮牧場」を設立し，1915年には「札幌牛乳販売組合」を，1925年には「北海道製酪販売組合」を設立した．これは後の「雪印乳業」となり，本格的なバターやチーズの製造を行った．

黒澤酉蔵は，足尾銅山事件で苦しむ農民救済を訴えた田中正造の影響を受け，1905年に宇都宮仙太郎の下で酪農を学び始めた．その後，宇都宮仙太郎らとともに「北海道製酪販売組合」設立に参画した．1933 年には，江別に「酪農義塾」（後の酪農学園）を開校し塾長となり，建学の精神として「健土健民」の重要性を教え込んだ．

6.4.4 明治以降の酪農乳業の発展のまとめ

まず，横浜にて外国人向けに搾乳が始まり，大消費地である東京でも牛乳販売が始まった．しかし，消費の伸びはゆるやかであり，余乳処理の必要性が生じた．東京から近い千葉県安房地区では江戸時代から白牛酪（加糖煉乳）が作られ，余乳処理の一環として煉乳製造が盛んになった．やがて，菓子製造に必要な牛乳や煉乳を確保する必要から，菓子メーカーが投資し，中小煉乳製造所が統廃合され，今日の明治乳業および森永乳業に発展した．

この間，牛乳の品質向上を目的に，警視庁が現在の食品衛生法の前身である「牛乳営業取締規則」を公布した．さらに，群馬県に神津牧場，岩手県に小岩井農場などが開設され，酪農乳業は着実に発展していった．

一方，北海道では米国人エドウィン・ダンらの指導により開拓が進み，酪農が根付いてきた．関東大震災以降は雪印乳業の前身である北海道製酪連合会が立ち上がり，本格的なバターやチーズの製造が行われた．

6.5 学校給食と牛乳[27)]

学校給食は，1889 年に鶴岡市の私立忠愛小学校にて貧困家庭の児童を対象とした昼食を無償提供したことが始まりとされる．当時のメニューは白米の握り飯2個に野菜と魚が副食であり，牛乳が提供されたことはなかった．その後，学校給食は徐々に広まり，1932年には文部省によって「学校給食臨時施設方法」が定められ，国の施策として給食が全国的に始まった．しかし，第二次世界大戦の勃発により学校給食は中止となった．

戦後，GHQが旧日本軍の保管食糧やララ（LARA：licensed agencies for relief in Asia；アジア救済公認団体）から調達した食料をもとに学校給食が再開された．このとき，米国から脱脂粉乳の支給を受け，脱脂粉乳を還元したミルクが全国的に供給された．さらに，1949年にはユニセフ（UNICEF：国際連合児童救済緊急基金）から脱脂粉乳が無償提供され，安定的にミルクを給食に提供できるようになった．

1954年には「学校給食法」が制定され，脱脂粉乳への国庫補助が明記された．さらに，1965年には補助額が引き上げられ，脱脂粉乳に替わって飲用牛乳の供給が広がり，今日に到っている．

引用文献

1) 平田昌弘，ユーラシア乳文化論，岩波書店 (2013)
2) 三宅　裕，オリエント **39**：83-101 (1996)
3) Evershed *et al.*, *Nature* **455**：528-531 (2008)
4) Dunne *et al.*, *Nature* **486**：390-394 (2012)
5) Warinner *et al.*, *Sci. Rep.* **4**：7104 DOI：10.1038/srep07104
6) Yang *et al.*, *J. Archael. Sci.* **45**：178-186 (2014)
7) 平田昌弘，酪農乳業史研究　**5**：1-12 (2011)
8) 平田昌弘，*New Food Industry* **53**(5)：75-81 (2011)
9) ポール・キンステッド，（訳）和田佐規子，チーズと文明，築地書館 (2013)
10) 廣野　卓，古代日本のチーズ，角川書店 (1996)

11) 平田ら，日畜会報 **84**：175-190, 2013
12) 和仁皓明，乳技協資料　**28**(6)：24-30 (1979)
13) 平田昌弘，*New Food Industry* **53**(12)：84-97 (2011)
14) 平田昌弘，ミルクサイエンス **59**：9-22 (2010)
15) 越智猛夫，日本食生活学会誌　**6**(1)：14-21 (1995)
16) 有賀ら，日畜会報 **59**：253-260 (1988)
17) 斉藤＆勝田，家政学会誌　**40**：201-206 (1989)
18) 佐藤健太郎，関西大学東西学術研究所紀要　**45**(4)：47-65 (2012)
19) 牛の博物館資料　http://www.isop.ne.jp/atrui/ushi/03_back/200310/p04.html
20) 林　克郎，酪乳史研究　no.7：10-15 (2013)
21) 足立＆矢澤，　酪乳史研究　No.9：11-27 (2014)
22) 斉藤多喜男，横浜開港資料館館報　No.15：7 (1986)
23) 和仁皓明，酪乳史研究　No.7：5-9 (2013)
24) 佐藤奨平，酪乳史研究　No.10：30-44 (2015)
25) 中垣正史，HOMAS ニューズレター　no.66：1-8 (2012)
26) 中垣正史，HOMAS ニューズレター no.67：1-5 (2012)
27) 中澤弥子，J-milk H24 社会文化研究報告書　pp.112-175 (2014)

7. 酪農乳業の現状

7.1 牛乳・乳製品の生産および消費量

7.1.1 世界の酪農および生乳生産量

国際酪農連盟（IDF）の調べによると[1]，酪農家戸数が最も多いのはインドであり，次いでパキスタン，ロシアが2位，3位となっている（図7.1）．日本は18.6千戸である．世界的にも酪農家戸数は減少傾向にあるが，2012～2014年にかけて伸び率が高い国はモンゴルであり，＋21.1％である．一方，乳牛頭数ではインドが最も多く（図7.2），アジアやアフリカにおける飼育頭数が伸びている．伸び率ではサウジアラビア（＋8.1％），エジプト（＋7.9％），中国

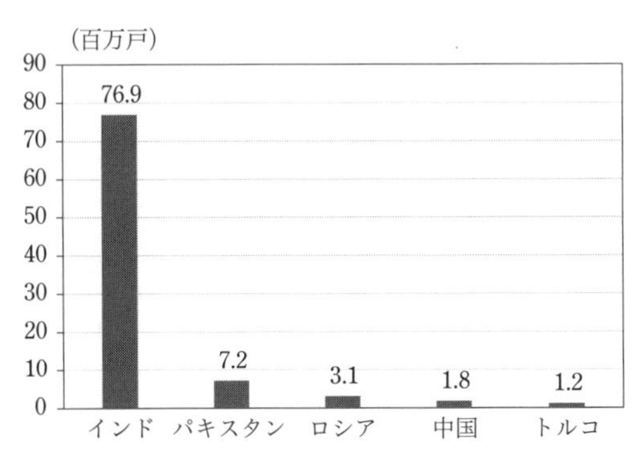

図7.1 世界の酪農家戸数（2014年）（文献1）より作図）

(+7.8%) などが顕著であり，ヨーロッパや日本では減少傾向にある．日本の乳牛頭数は893千トンと報告されている[1]．

世界の生乳生産量は増加傾向にあり，2014年は3%以上伸び，全生産量は8億トンを超えた[1]．国別では図7.3に示すように，アメ

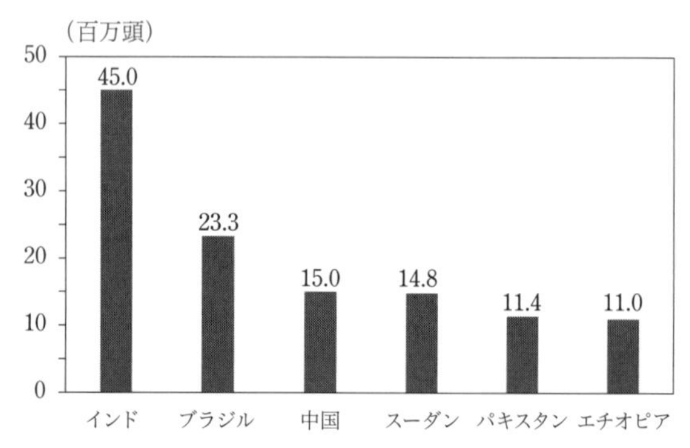

図 7.2 世界の乳牛頭数 (2014年) (文献1) より作図)

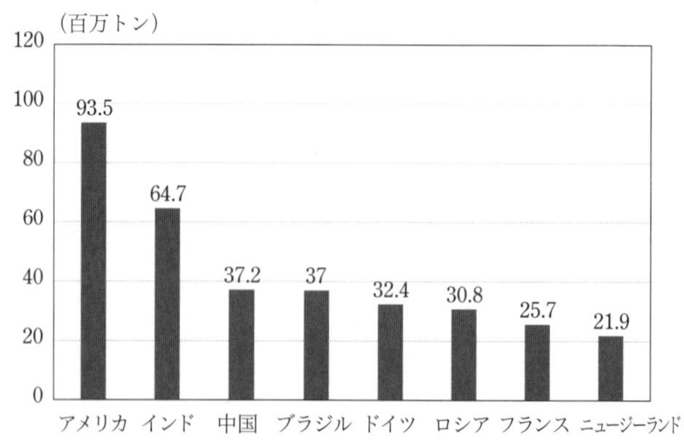

図 7.3 世界の生乳生産量 (2014年) (文献1) より作図)

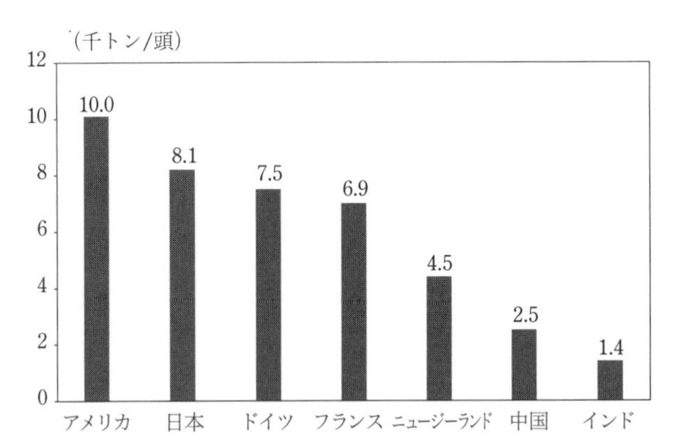

図 7.4　世界の乳牛 1 頭当たりの生乳生産量（2014 年）（文献 1）より算出）

リカがトップ，次いでインドおよび中国が続いている．日本の生乳生産量は 7,334 千トン / 年である．乳牛 1 頭当たりの年間生乳生産量を図 7.4 に示す．欧米では 1 頭当たりの生乳生産量が高く，インドは低い．日本は 8 トン / 年であり，世界でもトップレベルの生乳生産技術を保持している．農林水産省の資料[2]によれば，日本における 1 頭当たりの生乳生産量は 1985 年では 5.6 トンであったが，2003 年には 7.6 トンとなり，中央酪農会議（中酪）の資料[3]では 2013 年で約 1.4 倍の伸びである．

7.1.2　日本における乳牛飼育

日本ではほとんどの酪農家で人工授精による出産が行われる．約 10 カ月の妊娠期間を経て仔牛が生まれると，30 ～ 40 分程度で仔牛は立ち上がろうとする．生後いかに早く歩けるようになるかは，敵から逃れ自分の命を守るために極めて重要である．仔牛はすぐに母牛と離され，専用の飼育施設にて育てられ，この間，母牛の初乳を飲む．

雌の仔牛は離乳（生後2カ月程度）後，180日程度育成牛として飼育され，種付けされる．約10カ月の妊娠期間を経て出産すると，乳牛として乳を出す．出産後，300～330日程度毎日，通常は朝夕2回搾乳される．その後，次の出産に備えて搾乳をやめ2～3カ月休む．この時期の牛を乾乳牛と呼ぶ．このような周期を3～4回繰り返した後，乳牛としての役目を終える[3]．これら一連のライフスタイルを図7.5に示す．

乳牛の飼育方法には，大きく分けて舎飼いと放牧があり，舎飼いにはつなぎ飼い式牛舎（ストールバーン）と放し飼い式牛舎（フリーストールバーン）がある[3]．ストールバーンは牛を1頭ずつ収容する区域（ストール）があり，ここに1頭ずつ牛をつないで飼育する．日本では最もポピュラーな方式となっている．フリーストールバーンは牛舎内に自由に動き回れる区域があり，1頭ずつ区切られたスペースで1日の大半を過ごす．搾乳時間になると，牛はミル

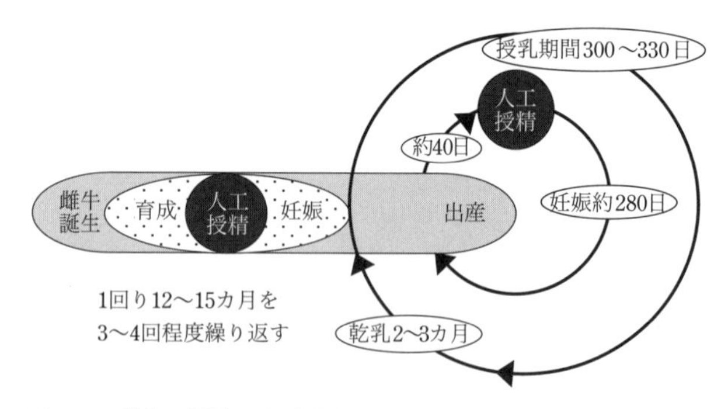

図7.5 乳牛の誕生から出産までのライフサイクル（文献5）より）

キングパーラーと呼ばれる搾乳室に自ら入る[3].

放牧は広い牧場に牛を放ち，牛は自ら牧草を食べ，搾乳時間になるとミルキングパーラーに自ら入る．特に，山地を切り開いて牛を飼育する方法を山地放牧と呼び，こうした飼い方にこだわる酪農家もいる．

放牧と舎飼いにはそれぞれメリットとデメリットがあり，表 7.1 に両者の違い[4] を示す．放牧牛の運動量は舎飼い牛より多く，健康面で役立つと考えられるほか，ストレス回避にも有効と考えられている．また，舎飼いの場合は飼料の栄養成分が貯蔵中に減少するのに対して，放牧では新鮮な草を食べるため，特に微量栄養素が豊富である．

表 7.1　放牧と舎飼いとの違い（文献 4) より）

条件	放牧	舎飼い
飼料	質・量ともに変化の大きい牧草や野草を選択摂取する	家畜の要求に見合う給与が容易．粗飼料不足の傾向がある
気象	雨，風，日射などの自然環境を直接受ける．日較差が大きい．清浄な空気	畜舎によって自然条件が緩和される．昼夜の較差が小さい．粉塵の多い空気
地形	傾斜地，地表に障害物がある	平坦
病原体	一度汚染すると清浄化は難しい	清浄化は比較的容易
衛生害虫	ダニおよび吸血昆虫による病原体媒介の被害が大きい	吸血昆虫による病原体媒介の被害は比較的小さい
社会環境	低密度群管理．行動自由度大	個体飼育または高密度群管理．行動自由度小
その他	個体別監視が行われにくく，病気の発見が遅れる	日常的な個体管理が可能で，病気の発見が容易

7.1.3 日本における酪農の発展と課題

日本の酪農が本格的に発展したのは，1961 年に農業基本法が制定されてからのことである[5]．経済成長に伴い乳製品の消費拡大が予想され，政府による酪農支援策（低利融資，補助金，技術普及など）が実施された．これにより経営規模が急速に拡大し，飼育頭数が増え，乳量も増えた．しかし，国内の飼料基盤が不十分なまま輸入飼料に依存したため，高い飼料価格が大きな負担となった．図 7.6 には生乳 1 kg を生産するのに要する費用内訳[3] を示す．約 50% が飼料費である．表 7.2 には世界の生乳生産者乳価を示す．日本の乳価は $90.52/100 kg であり，韓国に次いで第 2 位である．一方，乳価が安い国では $40/100 kg 以下であり，日本の乳価は 2 倍以上高い．世界の平均的な乳価は $40 ～ 60/100 kg であり，日本の乳価は飛びぬけて高い現状にある．このような状況で，酪農規模を拡大することで経営を維持しようと，最近は 1,000 頭以上の乳牛を飼育するメガファームもある[5]．

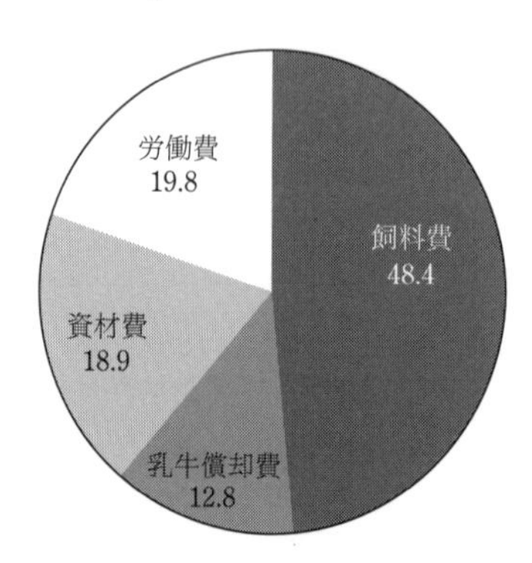

図 7.6 1kg 当たりの生乳生産費（2014 年）
（単位：%，文献 3) より）

表 7.2　生産者乳価の高い国と低い国（2014 年）（文献 1) より）

高価格国	価格（US$/100kg）	低価格国	価格（US$/100kg）
韓国	98.08	ケニア	27.30
日本	90.52	ウクライナ	30.19
中国	70.59	リトアニア	37.86
カナダ	69.50	ラトビア	38.66
アイスランド	68.94	南アフリカ	39.25

7.1.4　世界の乳製品生産状況

飲用牛乳の生産量を図 7.7 に示す．世界的な生産量は微増傾向にあるが，新興国における伸びが注目され，特に中国，インド，およびブラジルにおける伸びが顕著である．日本の 2014 年における飲用牛乳生産量は 3.56 百万トンであり，年々減少している．

図 7.8 に発酵乳の生産量を示す．世界全体では生産量はほとんど

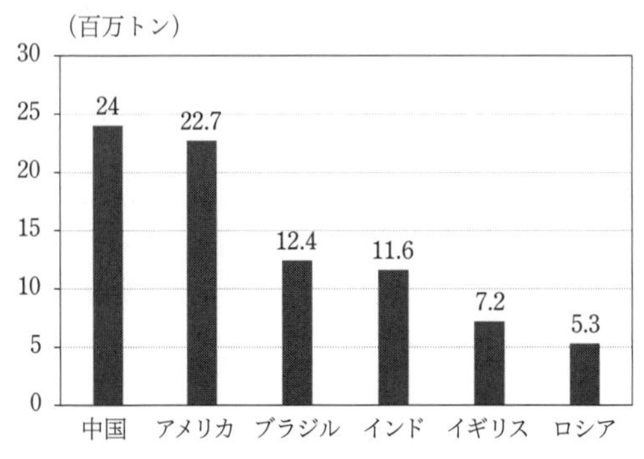

図 7.7　世界の飲用牛乳生産量（2014 年）（文献 1) より作図）

増えておらず，ヨーロッパでは消費が減少している反面，アジアでは生産量が増える傾向にあり，特に中国では2000年に比べて23%も増加した．日本での発酵乳生産量は約100万トンであり，2000年と比べ2.6%の増加となっている．

チーズ生産量は図7.9に示すように，アメリカとヨーロッパにお

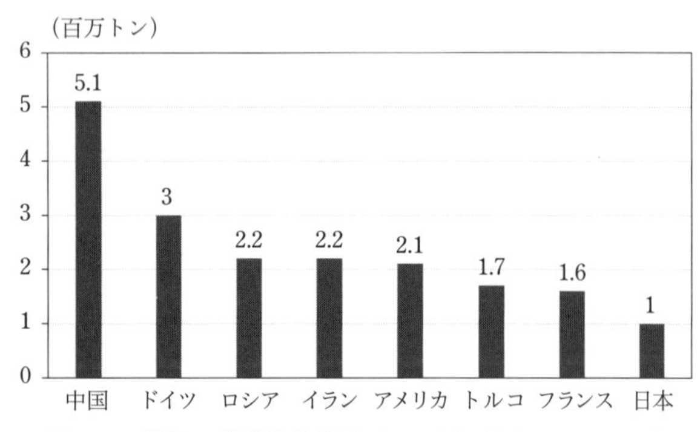

図7.8 世界の発酵乳生産量（2014年）（文献1）より作図）

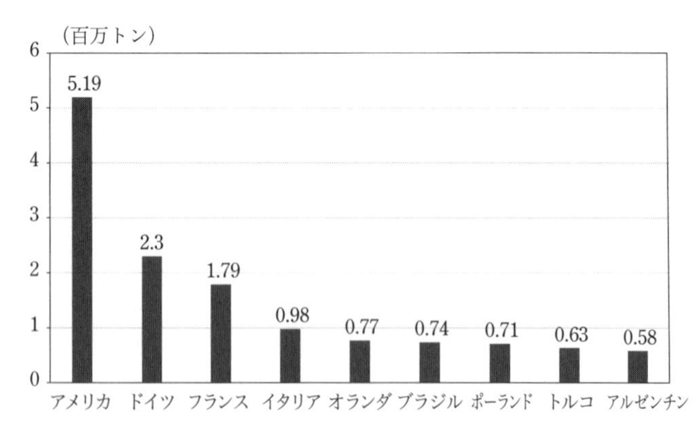

図7.9 世界のチーズ生産量（2014年）（文献1）より作図）

ける生産量が高い．世界的な生産量は増加傾向にあり，欧米では堅調に増加している．中南米，アジア，東欧においてはチーズ生産量が顕著に増え，エクアドル，ベラルーシ，トルコなどは高い伸びを示している．日本における2014年におけるチーズ生産量は46,000トンであり，2013年に比べて生産量が減少したが，2000年に比べると2.3％増加している．

図7.10には脱脂粉乳の生産量を示す．欧米における脱脂粉乳生産量は世界全体の約50％近くを占める．しかし，最近はインドにおける生産量の増加が顕著である．一方，2014年における日本での生産量は12万トンで，年々減少しており，2000年対比では3.4％も減少した．

バターおよびバターオイルの生産量はインドがとびぬけて多く，世界全体の約50％を占める（図7.11）．インドでは水牛や牛のバターオイルから作られるギーの生産量が多い．また，ロシアでは輸入禁止措置に対抗するためにバター生産量が増加した．日本でのバターの生産量は2014年で61,000トンであり，生乳生産量の減少に

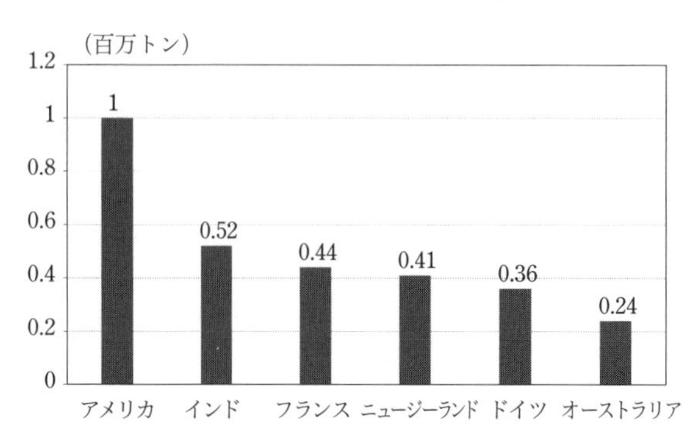

図 7.10　世界の脱脂粉乳生産量（2014年）（文献1）より作図）

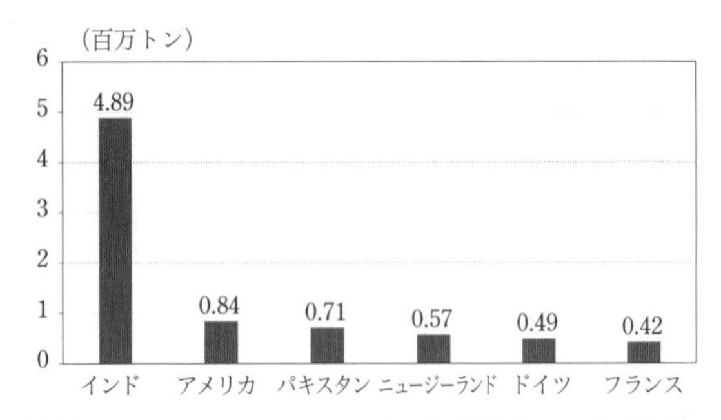

図 7.11 世界のバターおよびバターオイル生産量（2014 年）（文献 1) より作図）

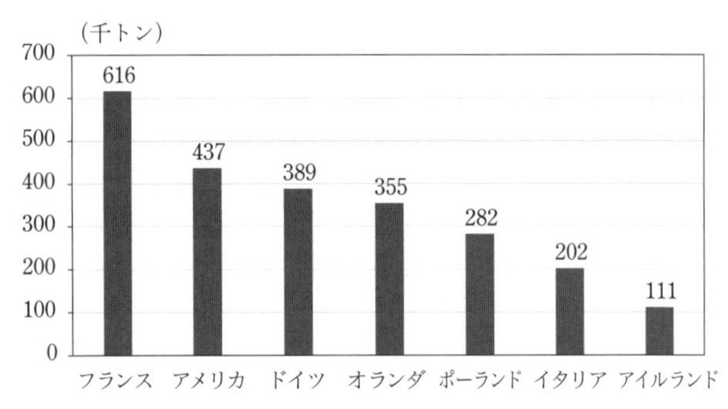

図 7.12 世界のホエイ粉生産量（2014 年）（文献 1) より作図）

伴いバター生産量も減少している．

図 7.12 はホエイ紛の生産量を示す．ホエイはチーズ生産の副産物として産出されるものが大部分であるため，チーズ生産量が多い国，すなわち欧米諸国が上位を占める．欧米以外ではロシア，アルゼンチン，オーストラリアでの生産量が多い．

7.1.5　乳製品の貿易と関税

1）貿　易

図7.13に主な乳製品の市場価格を示す．バターは2010年を境に価格は低下傾向にあるが，チーズは年々上昇している．脱脂粉乳も上昇傾向であるが，2014年は低下した．この原因として，中国における在庫拡大による需要減少，ならびにロシアによる欧米からの輸入禁止令が考えられる[1)]．

バターおよびバターオイルの輸出量はニュージーランドが最大であるが，近年アメリカの伸びが目覚ましい．輸入量が多い国はロシアが最大であるが，中国の輸入量の増加が顕著である（表7.3）．

チーズの輸出についてはアメリカやニュージーランドが多く，特にアメリカの輸出量は2000～2014年にかけて15％以上の伸びである（表7.4）．輸入量はロシアが1位であり，日本はロシアに次ぐ輸入量である．輸入量はまだわずかであるが，中国の輸入量が

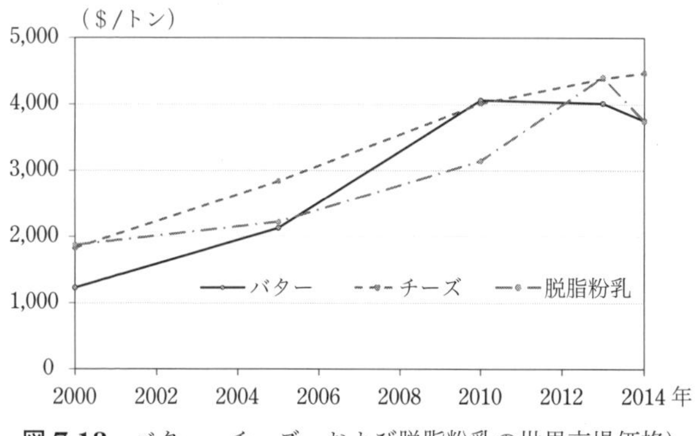

図7.13　バター，チーズ，および脱脂粉乳の世界市場価格）
（文献1）より作図）

表 7.3 バターおよびバターオイルの輸出国と輸入国（2014 年）（文献 1) より）

輸出量の多い国	輸出量（千トン）	輸入量の多い国	輸入量（千トン）
ニュージーランド	537	ロシア	146
アメリカ	73	中国	80
ベラルーシ	69	サウジアラビア	60
オーストラリア	45	エジプト	47
フランス	37	イラン	38

表 7.4 チーズの輸出国と輸入国（2014 年）（文献 1) より）

輸出量の多い国	輸出量（千トン）	輸入量の多い国	輸入量（千トン）
アメリカ	374	ロシア	303
ニュージーランド	290	日本	232
オーストラリア	167	アメリカ	166
ベラルーシ	158	サウジアラビア	120
オランダ	120	メキシコ	99

2000 年以降大きく増えている．他に，韓国も輸入量が年々増加している．

2）関　税

日本が乳製品を輸入する場合，3 通りの方法がある[6]．その方法を図 7.14 に示す．第 1 は，農畜産業振興機構（ALIC，以下，機構と略す）による輸入である．生乳の生産や需要は天候の影響を受け，不安定であるのに対し，バターや脱脂粉乳は保存性が高いので需給調整の機能を持っている．そのため，これらを国家貿易などにより管理することで国内の生乳需給を調整し，乳製品の安定供給を図っている．機構は国際協議によって決まった量（生乳換算で 137 千トン / 年）のバターおよび脱脂粉乳を輸入する．これをカレン

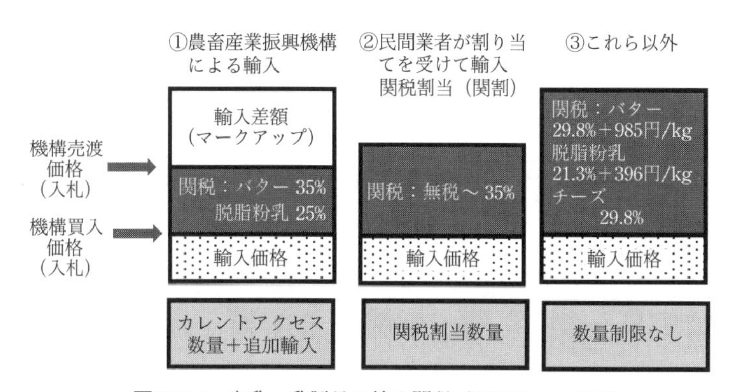

図 7.14　牛乳・乳製品の輸入関税（文献 6) より作図）

ト・アクセス数量と呼ぶ．機構はカレント・アクセス数量の輸入価格に関税（バター：35%，脱脂粉乳：25%）を上乗せした金額で購入し，入札により業者に売り渡す．売渡価格と買入価格の差をマークアップと呼ぶ．カレント・アクセス数量では不足する場合には農林水産大臣の承認を得て，追加輸入することができる．

第 2 の方法は，民間業者が割り当てを受けて輸入する場合で，特定の用途に対して一定の低関税数量を割り当てるものである．この制度により，関税割当数量の範囲内に限り低関税率を適用し，乳業メーカーなど需要者に安価な輸入品の供給を確保する一方，この範囲を超える輸入量に対しては高税率を適用し，国内酪農家の保護を図る仕組みとなっている．税率は輸入対象商品により異なるが，輸入量が多いのはプロセスチーズ原料（プロ原）用ナチュラルチーズである．国内生産されるプロ原用ナチュラルチーズ量の 2.5 倍までが無税となっている．

第 3 の方法は第 1，第 2 以外の場合で，バターでは輸入価格の

29.8%＋985円/kg，脱脂粉乳は輸入価格の21.3%＋396円，チーズでは輸入価格の29.8%の関税がかかる．数量制限はない．この場合，実際の関税額は，

関税額＝（取引価格＋輸送料＋保険料）×関税率

となる[7]．

貿易の自由化を目指して交渉が進められたTPP（trans-pacific partnership：環太平洋経済連携協定）は先行き不透明であるが，実施された場合には日本の酪農・乳業に大きな影響を及ぼすと考えられている．主な乳製品の関税率を表7.5に示す．海外より安価な乳製品が輸入されることによって，消費者には安価な乳製品が提供されるというメリットがある一方，国内の酪農は大きな打撃を受け

表7.5 主な乳製品のTPP実施後の関税（文献8, 9）より抜粋）

品目	細分	合意内容
脱脂粉乳	カレントアクセス枠内	25→7.5%（段階的に6年目に70%削減）
	カレントアクセス枠外	21.3%＋396円/lg（従前のまま）
バター	カレントアクセス枠内	35%（従前のまま）
	カレントアクセス枠外	29.8%＋985円/kg（従前のまま）
		バター＋脱脂粉乳の枠量（生乳換算）で60千トン（1年目）を6年目以降70千トンに増量
チーズ	シュレッドチーズ	22.4→0%　（段階的に16年目に0%）
	プロ原　関税割当枠内	無税（従前のまま）
	プロ原　関税割当枠外	クリームチーズ（fat<45%）　29.8→0%（段階的に16年目で無税）
		クリームチーズ（fat≥45%）　29.8→26.8%（即時10%削減）
	関税割当枠外	チェダー，ゴーダなど　29.8→0%（段階的に16年目で無税）

ると予想されている[10)]．TPP合意後は，脱脂粉乳やバターのカレント・アクセス枠内量については現状維持される．プロセスチーズ原料用のナチュラルチーズ（プロ原）も関税割当（関割）枠内については現状維持となる．しかし，枠外であっても16年目には無税となることから，現在，国産ナチュラルチーズ使用量の2.5倍量までは無税という関割メリットは有名無実化する．したがって，国内におけるプロ原用ナチュラルチーズの生産量は激減することが予想される．国内では飲用牛乳の消費が減少するなかで，消費が拡大傾向にあるチーズ向け生乳が減ることは，酪農家にとって打撃となる．

7.2　乳製品の消費動向

飲用牛乳の消費量は欧州では横ばい傾向であるが，アメリカや日本は減少傾向が続いている（図7.15）．また，消費量そのものは低

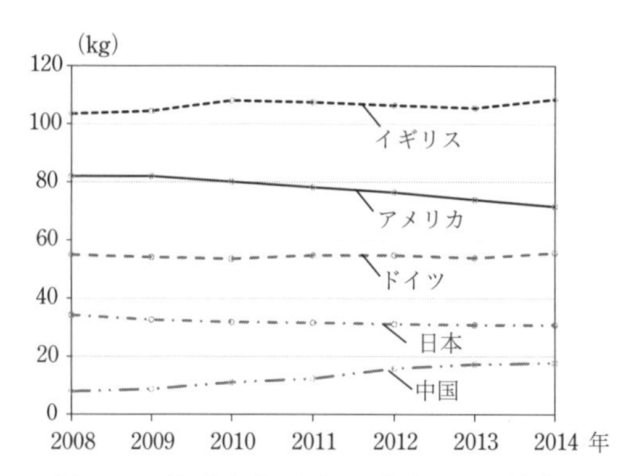

図7.15　飲用牛乳の国民1人当たりの消費量
（文献1, 11）より抜粋作図）

いが中国における消費量が年々上昇している[1]．一方，日本における牛乳消費の低迷には，少子化による若者層の人口減少や，牛乳と競合する茶系飲料の拡大が主な原因であるほか，牛乳の健康機能に関する誤った情報が喧伝され，消費者に誤解と混乱を招いているこ

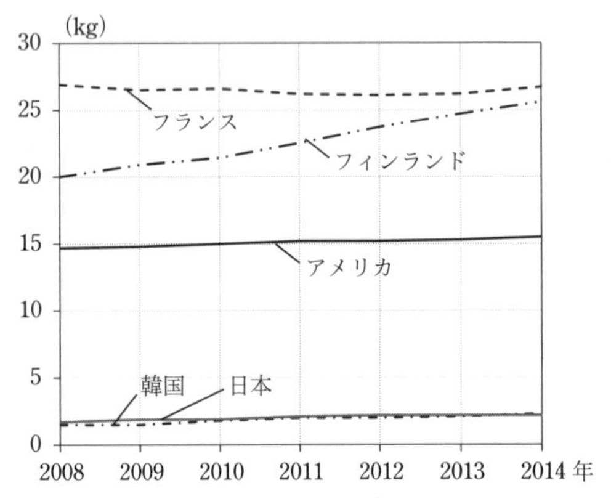

図 7.16 チーズの国民 1 人当たりの消費量
(文献 1, 11) より抜粋作図)

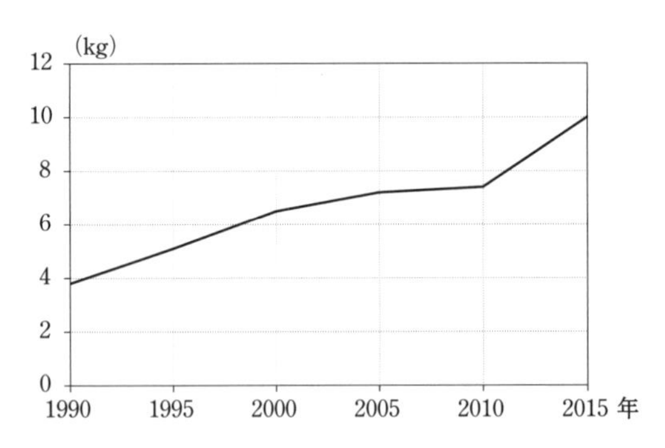

図 7.17 日本人 1 人当たりの発酵乳消費量
(文献 12) より抜粋作図)

とも影響している[5]．

チーズと発酵乳の消費量をそれぞれ図 7.16 および図 7.17 に示す．フランスのチーズ消費量は世界 1 位であるが，日本の消費量は 2.2 kg/ 年 / 人であり，フランスの 1/10 以下である．日本と韓国は似たようなチーズ消費量であり，若干上昇傾向にあるが伸び率は低い．一方，フィンランドでは消費量が増加傾向にあり，フランスのそれに追いつく勢いである．発酵乳については日本のデータしか入手できていないが，チーズと同様に増加傾向にあり，特に 2010 年以降，各社が整腸機能や内臓脂肪蓄積抑制効果などを訴求した特定保健用食品，あるいは機能性表示食品が相次いで発売され，市場が活性化している．

7.3　生乳取引の仕組み

7.3.1　指定生産者団体

戦後，牛乳・乳製品の需要が急速に伸びる状況で，生乳の需給および乳価については乳業メーカーと酪農家の話し合いに委ねられていた．しかし，需給調整が機能せず，乳価も乱高下し，乳価交渉が大混乱した．こうした状況を打開するために 1965（昭和 40）年に加工原料乳生産者補給金等暫定措置法（以下，不足払い法）を公布し，翌年から施行した．不足払い法は生乳の需給や乳価の決定に対し，生産者が団結して一元集荷多元販売を行い，乳業メーカーと対等の交渉を行うことを目指した．さらに，加工用の乳については国が生産者の生乳の再生産価格を保証し，乳業メーカーが購入可能な価格との差を補給金として酪農家に支払う制度である[13]．そのため，各都道府県に指定団体を設置した．その後，2003 年に現在の 10 団体とし，生乳流通の効率化や乳価交渉力の格差是正を図った[14]．図 7.18 に指定団体制度の仕組みを示す．指定団体は国が支払う加工乳生産者補給金をプールし，乳代とともに酪農家に支払う．

一方，酪農家の一部には乳業メーカーと直接交渉し，生乳を販売する場合がある．このようなケースでは補給金は支払われていなかったが，2015 年より政府の規制改革会議にて生乳流通の見直しが議論された．この中で，指定団体制度の是非や補給金公布対象の在り方を巡り活発な意見が交わされ，①指定団体を通さずに生乳を販売する酪農家（アウトサイダー）にも補給金を交付すること，②指定団体への生乳全量委託を見直し，部分委託を拡大することなどを中心とした農業競争力強化プログラムとして政府決定した[14]．指定団体の形骸化をもたらしてしまうこの法案については，様々な意見がある．

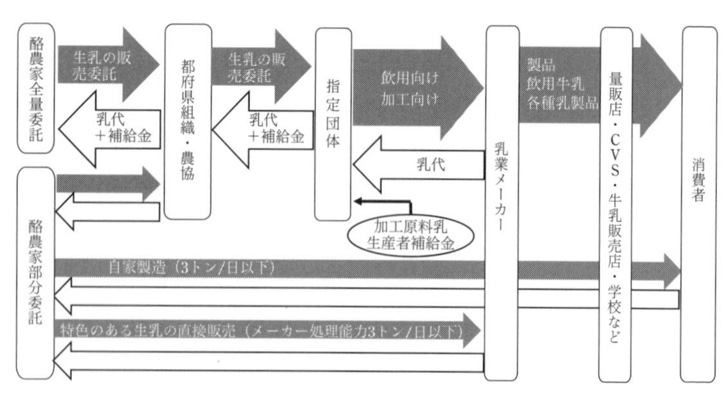

図 7.18 指定団体制度の仕組み（文献 14）より抜粋作図）

7.3.2　生乳価格

1966年から始まった不足払い法に基づいて，加工乳原料地域における生乳生産価格と加工原料乳の取引価格（基準取引価格）の差を補給金とし，乳代とともに酪農家に支払っていたが，2000年に不足払い法が改正され，補助金制度はなくなった．新しい制度では，直近の物価で修正した生乳1kg当たりの生産費の変動率を，前年度単価に乗じて算定する．酪農家は，加工乳の買入価格に補給金を上乗せした金額を受け取る[15]．乳価支払いの仕組みを図7.19に示す．

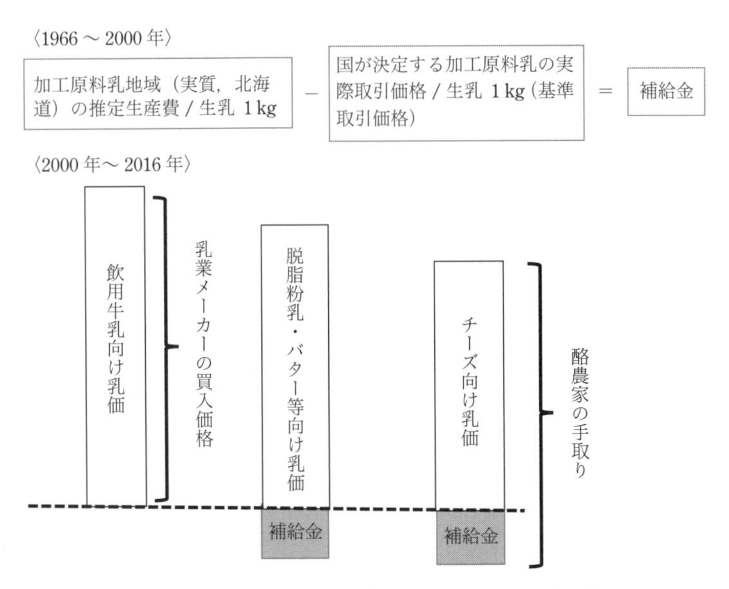

図 7.19　乳価支払いの仕組み（文献 3, 15）より作図）

表 7.6 加工原料乳生産者補給金と限度数量（文献3) より抜粋)

加工乳	限度数量と単価	2014 年度	2015 年度
脱粉・バター	限度数量（千トン）	180	178
	補給金単価（円）	12.80	12.90
チーズ	限度数量（千トン）	520	520
	補給金単価（円）	15.41	15.53

変動率は，ある年度の生乳生産量を W，生産費を P とすると，

$$\{(W2/P2 + W3/P3 + W4/P4) / 3\} / \{(W1/P1 + W2/P2 + W3/P3) / 3\}$$

から算出する．2014 年度および 2015 年度の補給金と限度数量を表 7.6 に示す．なお，2017 年度からは加工原料乳生産者補給金の対象が生クリームにも拡大され，製品の種類によらず一定の補給金額となった[16)]．

7.3.3 海外の仕組み

EU における乳価決定システムは大きく 3 種類に分類される[17)]．表 7.7 に示すように，EU 内での生乳生産量の約 50％は共同組合方式であり，酪農家に対して可能な限り合理的に支払われる．フランスとスイスに多い仕組みは，国レベルの協議会において決定する方法である．ここで決まった価格に，季節や品質プレミアムを上乗せする．これら乳価決定システムに共通している点は，市場乳価が決定価格に反映される点である．また，市場価格の影響を強く受けるため，乳価決定までの期間が短く変動幅も大きい．

一方，EU の共通農業政策（CAP）は，時代の変化に伴い度重な

表 7.7　EU における乳価決定方法（文献 17) より作表）

仕組み	方法
国レベルの協議会（酪農家，乳業メーカーの代表，政府関係者）	乳製品価格を数理モデルに投入後，酪農家と乳業メーカーで交渉 EU 生乳生産量の 15 ～ 20%，フランス，スイスが中心
協同組合	（販売総利益－コスト）/ 乳量，EU 生乳生産量の 50%
酪農家と乳業メーカーの相対交渉	長期契約する場合は乳業メーカーが酪農家に頭金を支払う．その後，出荷量に応じた乳代支払い．年末に市場価格と比較して過不足を調整

る改革を実行してきた．その流れの中で，生乳クオータ（quota：割り当て制度）が 2015 年に廃止された[18]．EU のクオータ制度は，生産者が乳業メーカーに出荷する「出荷クオータ」と，生産者が消費者に直接販売する「直接販売クオータ」から構成され，それぞれ全生乳出荷量の 97.6％および 2.4％となっている[18]．国単位の出荷量が定められたクオータを超過した場合，超過追徴金が課せられる．

生乳クオータ制度の廃止の背景には，①国際価格の高騰，②過剰在庫の解消があり，酪農家と乳業メーカー間の契約を強化し，交渉力を高めることを目指している．さらに，酪農家から乳業メーカーや販売部門にまたがる横断的な組織を構築し，市場適応力を高めることも大きな目的である．また，市況に関する情報を酪農家や乳業メーカーが広く共有化することで，円滑な市場機能が果たせるようになる[19]．

クオータ制度の廃止により自由に生乳生産を行えるようになったが，クオータ制度を利用して生乳生産を調整してきたフランスには大きな影響が及んだ．フランス国立農学研究所（INRA）および全国酪農経済センター（CNIEL）によると，もともと補助金受給額が少なかった地域（ブルターニュ，ノルマンディー）では生乳生産の大規模化や効率化が進んでいるので影響は小さかった．フランス北東部の山岳地帯ではブランド力の高いチーズを生産しており，クオータ制度廃止の影響はそれほどでもなかった．しかし，南東部の山岳地帯にはブランド力のある高品質チーズが少なく，補助金削減によって今後存続が危うくなるだろう，とコメントしている[20]．

7.4 地理的表示法（GI: geographical indication）

7.4.1 ヨーロッパにおける品質承認システム

ヨーロッパをはじめ世界の多くの国では，自国の伝統的な農産物を保護する目的で，地理的表示保護に関する法律（GI）が制定されている．表 7.8 にはヨーロッパにおける地理的表示保護システムをまとめたものを示す．最も厳格なシステムが原産地名称保護（P.D.O）で，名称に謳われた地域で，決められた製法で生産され，しかも，その土地の気候風土や固有の品質・風味を備えていなければならない．フランスでは A.O.P，イタリアやスペインでは D.O.P と表記される[7]．日本に輸入されるヨーロッパのチーズの多くには，包装紙に A.O.C. や D.O.P の認定マークがついており，差別化されたチーズとして愛好家が多い．

例えば，A.O.P. 取得チーズであるコンテ（Comtè）は，製造地域が厳しく限定され，牧草や干草だけを食べたモンベリアード種の牛乳のみを用いる．搾乳した乳は 24 時間以内に無殺菌で処理される．

表 7.8　EU における地理的表示保護システム（文献 7) より作表）

名称とマーク	地域	製法	テロワール	備考
原産地名称保護（P.D.O）	名称に謳われた地域	決められた伝統製法	土地特有の品質や風味	フランス：A.O.P イタリア：D.O.P
地理的表示保護（P.G.I）	名称に謳われた地域	生産，加工，調整過程のうち，1 つ以上が地域と関係	土地特有の品質や風味	フランス：I.G.P.
伝統的特産品保証（T.S.G.）		生産組織や製法が伝統的．製品に謳われている地域で生産．伝統的と認証された技術．		
有機農法マーク		合成肥料，合成農薬，成長ホルモンなど使用禁止．遺伝子組替えも禁止．		

このように伝統的な製法に基づいて製造されたものだけが，コンテを名乗ることができる[21]．

表 7.9 には A.O.P が認可されているチーズの一部を示す．ここに例示したチーズ以外にも多くのチーズで A.O.P が認可されている．EU における GI の最新申請状況については DOOR（http://ec.europa.eu/agriculture/quality/door/list.html）で検索することが

表 7.9 原産地呼称が認可されているチーズの例

国	名称		タイプ	乳種
フランス	カマンベール・ド・ノルマンディー	Camembert de Normandie	白カビ	牛乳(無殺菌)
	ブリ・ド・モー	Brie de Meaux	白カビ	牛乳(無殺菌)
	ポン・レヴェック	Pont-l'Eveque	ウォッシュ	牛乳
	リヴァロ	Livarot	ウォッシュ	牛乳
	マンステール	Munster	ウォッシュ	牛乳
	サント・モール・ド・トゥレーヌ	Sainte-Maure de Touraine	シェーブル	ヤギ乳（無殺菌）
	ヴァランセ	Valencay	シェーブル	ヤギ乳（無殺菌）
	コンテ	Comte	ハード	部分脱脂牛乳(無殺菌)
	カンタル	Cantal	セミハード	牛乳
	ロックフォール	Roquefort	青カビ	ヒツジ乳（無殺菌）
	フルム・ダンベール	Fourme d'Ambert	青カビ	牛乳
イタリア	ゴルゴンゾーラ	Gorgonzola	青カビ	牛乳
	タレッジョ	Taleggio	ソフトウォッシュ	牛乳
	アジアーゴ	Asiago	ハード	牛乳
	パルミジャーノ・レッジャーノ	Parmigiano Reggiano	ハード	部分脱脂牛乳(無殺菌)
	グラナ・パターノ	Grana Padano	ハード	部分脱脂牛乳(無殺菌)
	ペコリーノ・ロマーノ	Pecorino Romano	ハード	ヒツジ乳（無殺菌）
	モッツァレラ・ディ・ブーファラ・カンパーナ	Mozzarella di Bufala Campana	パスタフィラータ	水牛乳
	カチョカバッロ・シラーノ	Caciocavallo Silano	パスタフィラータ	牛乳（無殺菌または殺菌）

	プロヴォローネ・ヴァルパダーナ	Provolone Valpadana	パスタフィラータ	牛乳
	リコッタ・ロマーナ	Ricotta Romana	フレッシュ	ヒツジ乳ホエイ
スイス	エメンタール	Emmentaler	ハード	牛乳(無殺菌)
	グリュイエール	Gruyere	ハード	牛乳(無殺菌)
	ヴァリサー・ラクレット(独語表記)	Walliser Raciette	セミハード	牛乳(無殺菌)
英国	ブルー・スティルトン	Blue Stilton	青カビ	牛乳
ギリシャ	フェタ	Feta	フレッシュ	ヒツジ乳またはヒツジ＋ヤギ乳(30% まで)

できる．

7.4.2　日本における地理的表示

日本においても 2015 年に，農林水産省が EU の GI 制度に倣った制度を発足させ，多くの製品が GI 認証を受けている．ちなみに，2016 年 12 月 7 日時点で 24 品が認証され，うち 21 品が食品である[21]．日本における地理的表示保護制度には 3 種類あり，その比較を表 7.10 に示す[22]．

十勝ブランド認証制度は 2007 年に設立された十勝ブランド認証機構が認証を行っており，2016 年 12 月現在，パン，菓子，乳製品，チーズなどが認証を受けている．図 7.20 には日本の地理的表示保護制度のマークと十勝ブランド認証制度の認証マークを示す．十勝ブランドの認証基準は，HACCP による衛生管理基準に基づき，十

表 7.10 日本における地理的表示保護制度（文献 22)）

項目	地域団体商標制度	地理的表示保護制度	十勝ブランド認証制度
発足年	2006 年	2015 年	2007 年
認証主体	特許庁	農林水産省	十勝ブランド認証制度
目的	地域ブランド名称の保護，事業者の信用の保護	高付加価値食品等の差別化，生産者と需要者の利益保護	十勝ブランドの価値向上，価値の裏付け，信頼醸成
対象	すべての商品とサービス	農林水産物，飲食品等	食品
申請主体	農協，事業協同組合等	生産者・加工業者の団体	十勝管内に事業所がある食品加工業者
名前における地名の有無	地名を冠する必要	地域が特定されれば，地名を冠する必要なし	地名を冠する必要なし
産地の関係	当該地域で生産	品質等の特性が当該地域と結びついている	十勝管内で生産
産地との関係	周知性：一定の需要者	伝統性：一定期間継続して生産	ブランド化の程度は問わない
品質基準	規定なし	産地と結びついた品質等の基準を定め，登録・公開	認定機構が規定する認証基準を遵守
品質管理	規定なし	生産者団体が管理，国が定期的に確認	認証機構が管理
登録の明示方法	登録商標であることを表示可	GI マークを付与する義務	認証マークを付与してもよい
権利付与	名称を独占使用する権利	品質基準をクリアすれば当該地域のどの業者も名称使用が可能	規定なし

図 7.20 日本における地理的表示保護制度の認定マーク（左）と，十勝ブランド認証制度の認証マーク（右）（文献 22)）

勝産，十勝原料使用，添加物不使用にこだわり，チーズでは生乳は全量十勝産を使用することになっている．特に，ラクレットについては植物発酵成分が豊富な十勝川温泉のモール温泉でウォッシュしたものを目指しており，日本人の嗜好に合わせた風味を持ち，多くの消費者から支持されている．2017 年 1 月現在，十勝モールウォッシュラクレットを国の GI 制度に申請中であり，十勝地域の工房が共同運営している共同熟成庫の運用が開始されている[23]．

引用文献

1) 国際酪農連盟日本国内委員会編，世界の酪農状況 (2016)
2) http://www.maff.go.jp/j/chikusan/sinko/lin/l_katiku/zyosei/pdf/nyu_h1804.pdf#search=%27%E4%B9%B3%E7%89%9B+%EF%BC%91%E9%A0%AD%E5%BD%93%E3%81%9F%E3%82%8A+%E7%94%9F%E4%B9%B3%E7%94%9F%E7%94%A3%E9%87%8F%27
3) 中央酪農会議，日本の酪農 http://www.dairy.co.jp/jp/jpall.pdf#search=%27%E4%B8%AD%E5%A4%AE%E9%85%AA%E8%BE%B2%E4%BC%9A%E8%AD%B0+%E6%97%A5%E6%9C%AC%E3%81%AE%E9%

85% AA% E8% BE% B2+% E6% 90% BE% E4% B9% B3% E9% 87% 8F% 27
4) 仮屋喜弘，畜産会経営情報　No.173: 1-15, 4 月 15 日 (2004)
5) 清水徹朗，本田敏祐，農林金融 3 月：36-51 (2009)
6) 農水省，牛乳・乳製品の輸入制度，3 月 (2016)
http://www.maff.go.jp/j/chikusan/gyunyu/lin/pdf/0729milk.pdf#search=% 27% E8% BE% B2% E6% B0% B4% E7% 9C% 81+% E7% 89% 9B% E4% B9% B3% E3% 83% BB% E4% B9% B3% E8% A3% BD% E5% 93% 81% E3% 81% AE% E8% BC% B8% E5% 85% A5% E5% 88% B6% E5% BA% A6% 27
7) チーズの教本　2016，チーズプロフェッショナル協会編，小学館 (2016)
8) 農水省生産局　http://www.maff.go.jp/j/kokusai/tpp/pdf/2-3_hinmoku_chikusan_engei_hs2012.pdf
9) http://www.maff.go.jp/j/kokusai/tpp/pdf/tpp_1.pdf#search= % 27TPP % E8 % BE% B2% E6% 9E% 97% E6% B0% B4% E7% 94% A3% E7% 89% A9% E5% B8% 82% E5% A0% B4% E3% 82% A2% E3% 82% AF% E3% 82% BB% E3% 82% B9% E4% BA% A4% E6% B8% 89% E3% 81% AE% E7% B5% 90% E6% 9E% 9C% 27
10) 小林信一，日経新聞　11 月 23 日 (2015)
11) 日本乳業協会，日本乳業年鑑資料編 (2015)
12) https://www.j-milk.jp/sp/tool/kiso/berohe0000004ak6-att/berohe0000004ax9.pdf#search=% 27% E4% B9% B3% E7% 89% 9B% E3% 81% AE% E3% 83% A9% E3% 82% A4% E3% 83% 95% E3% 82% B5% E3% 82% A4% E3% 82% AF% E3% 83% AB% 27
13) 林　克郎，*MILK CLUB* **111**: 26-29 (2016)
14) 農水省ホームページ，6 月 23 日 (2017)
http://www.maff.go.jp/j/kanpo/nougyo-kyousou-ryoku/
15) 農水省 平成 28 年度加工原料乳生産者補給金単価等算定概要，12 月 (2015)
http://www.maff.go.jp/j/chikusan/kikaku/lin/pdf/siryo_5-1.pdf#search= % 27% E8% BE% B2% E6% B0% B4% E7% 9C% 81+% E7% 94% 9F% E7% 94% A3% E5% B1% 80+% E5% B9% B3% E6% 88% 90% EF% BC% 92% EF% BC% 98% E5% B9% B4% E5% BA% A6% E5% 8A% A0% E5% B7% A5% E5% 8E% 9F% E6% 96% 99% E4% B9% B3% E7% 94% 9F% E7% 94% A3% E8% 80% 85% E8% A3% 9C% E7% B5% A6% E9% 87% 91% 27
16) 農水省生産局資料，12 月 (2016) 平成 29 年度加工原料乳生産者補給金単価等算定概要
17) Japan Dairy Council No.525 EU 共通農業政策と乳価決定システムについて
18) Japan Dairy Council No.554 クオータ緩和で二極化が進む EU 酪農
19) 亀岡鉱平，農林金融　9 月号：19-31 (2015)
20) 矢野麻未子，畜産の情報　6 月号：1-21 (2012)

21)　清田麻衣，*New Food Industry* **53**: 68–75 (2011)
22)　http://www.maff.go.jp/j/shokusan/gi_act/register/
23)　清水池義治，畜産の情報　1 月号：1–15 (2017)

索　　引

欧　文

ACE　179
ALIC　230
A.O.P　240

BCAA　35, 60, 190

CCP　50
cis-9, trans-11 CLA　13
CLA　13
CMP　46, 70

DOOR　241
D.O.P　240

EPS　103
ESL（extended shelf life）　120

from farm to table　160

GD3　16
GI　240
GM3　16
GMP　46

HACCP　243
HACCP（hazard analysis critical control point）　153
HCT　76

IDF　14
iTFA　13, 183

LARA　217
LF　64
LP　68

MBP　66
MCP　49

nutrient density　173
nutrient rich food　173

PAS　18
PEP/PTS（phosphoenolpyruvate-dependent phosphotransferase）　98
pKa　36

rTFA　13

SerP　35

UNICEF　217

W/O　16

和　　文

ア

R-カゼイン　46
ISO（international organization for standardization: 国際標準化機構）　153
愛国煉乳合資会社　214
アウトサイダー　236
青カビ（*Penicillium roqueforti*）　104
青カビタイプ　139
安愚楽鍋　212
アジア南方乳文化圏　201
アジポフィリン　17
アジャンクトスターター　101, 142
後発酵（after-acidification）　135
後発酵方式　128
アマドリ化合物　72
アミノ基　33
アミノ酸　33
粗飼料　139
アルコール検査　113
α-La　26
α_{S2}-カゼイン　2
α_{S1}-Ⅰ-カゼイン（α_{S1}-I-CN）　58, 146
α_{S1}-CN　145
α_{S1}-CN B のアミノ酸配列（1 次構造）　42
α_{S1}-カゼイン　2
α-ラクトアルブミン　26, 59
安房煉乳所　214
アンジオテンシン変換酵素　179
安全係数　161, 170, 171
安定化作用（Fs）　113
安定に働く作用（Fs）　55

EU における乳価決定システム　238
イオン交換反応　147
育成牛　222
異常発酵するリスク　139
いたずら防止　156
一元集荷多元販売　235
一元二極化　197
遺伝子組換えレンネット　142
井上釜　214
井上謙造　214
イミノ酸　101
インスリン　179
飲用牛乳の消費量　233
飲用牛乳の生産量　225

ヴェーダ聖典　198
ウォッシュタイプ　104, 147
受入検査　113, 155
宇都宮仙太郎　215
宇都宮牧場　215
ウマ　6
ウルム　202

衛生教育　165
栄養素密度　173
エージング（aging）　122
A2 ミルク　46
エキソサイトーシス　54
エキソペプチダーゼ　101
エドウィン・ダン　215
N-アセチルグルコサミン　27
N-アセチルノイラミン酸　27

索　　引

N-グリコリルノイラミン酸　27
エメンタール　146
エメンタールチーズ　103
エライジン酸（elaidic acid）　13, 183
LF の耐熱性　66
LF の多機能性　64
LP システム　69
延喜式　203
塩水（ブライン：brine）　145
遠西医方名物考　209
塩漬　145
エンテロトキシン　164
エンドペプチダーゼ　101

黄色ブドウ球菌　164
O/W エマルジョン　124
お客様の声　157
汚染区　167
ω9 系（n9 系）　9
ω3 系（n3 系）　9
ω6 系（n6 系）　9
オリゴ糖　28
オレイン酸　13
オレイン酸アミド　192
温度管理　162

カ

カードナイフ　143
化学栄養生物　88
化学的危害　160
加工原料乳生産者補給金等暫定措置法　235
加工乳　110, 112
加工乳生産者補給金　236
カザミノ酸　88
過酸化脂質　23
過酸化水素　68
賈思勰　203
加水分解　35
ガス置換包装　94
カゼイン　1, 109
——の進化　81
カゼインナトリウム（sodium casein）　109
カゼインマクロペプチド　46
カゼインミセル　49
——の水和　145
家畜化　195
カチョカバロ　144
学校給食　216
学校給食法　217
学校給食臨時施設方法　217
カッティング　143
κ-カゼイン　2
κ-CN 遊離　77
加糖煉乳　207
加糖煉乳（sweetened condensed milk）　109
加熱圧搾タイプ　144
加熱変性 WPC　133
カビ　103
カビ類　104
芽胞形成　86
紙容器　118
可溶性カゼイン　49
過ヨウ素酸シッフⅢ　17
過ヨウ素酸シッフ 6/7　18
ガラクトース　25
ガラクトシルトランスフェラーゼ　25

ガラクトシルラクトース　30
ガラスびん　118
カリウム　4
カルシウム　4
カルシウム摂取推奨量　189
カルシウムを添加　140
カルボキシル基　33
カレント・アクセス　230
カロテン　125
乾塩法　145
桿菌（baccilus）　86
ガングリオシド　16
ガンジー　2
関税　230
甘性バター　121
甘性ホエイ　110
関税率　232
関税割当数量　231
間接加熱法（indirect heating process）　116
乾乳牛　222
勧農畜政策　212
γ-カゼイン　46
関与成分　170
乾酪　202
管理値　155
管理方法　155

ギー　227
危害　153, 160
規格基準　154
危機管理体制　159
期限設定ガイドライン　171
ギ酸　71, 130
キサンチンデヒドロゲナーゼ / オキシダーゼ　17
雉子橋　207
基準成分値　114
基準取引価格　237
季節変動　125
機能性表示食品　130
ギブスの自由エネルギー　39
義務表示　156
球菌（coccus）　86
牛乳　109, 110, 136
牛乳営業取締規則　214
牛乳搾取人心得　214
牛乳の脂肪酸組成　11
共役リノール酸　13
共生関係　130
共通農業政策（CAP）　238
共同組合方式　238
凝乳酵素（レンネット）　141
許容 1 日摂取量（ADI: acceptable daily intake）　161
切り込み　119
キレート　147
均質化　21
均質機（ホモゲナイザー：homogenizer）　21, 114
金属探知器　165
菌体外多糖類　103

クッキング　144
クラーク　215
グラム陰性菌　86
グラム染色　86
グラム陽性菌　86
クラリファイヤー（clarifier）　114

クリーミング（creaming）　21, 114, 148
クリーム（cream）　108
クリームセパレーター　122
クリームライン　114
グリコデリン　82
グリコマクロペプチド　46
グルコース　25
黒澤酉蔵　215
クロストリディウム　86

ケイジョ・セーラ・ダ・エストレーラ（Queijo Serra da Estrela）　142
景品表示法　157
軽量びん　118
ゲーブルトップ型（屋根：gable top）　118
ケソ・デ・ラ・セレナ（Queso de la Serena）　142
結合水　89
結晶形　22
結晶の粗大化　22
血清脂質　181
ケフィア　127, 196
ケプロン　215
限外濾過　145
けん化価　20
嫌気性菌　94
健康増進法　157
原産地名称保護（P.D.O）　240
健土健民　216
限度数量　238

好アルカリ菌　93
高温短時間殺菌（high temperature short time: HTST）　115
好気性菌　94
香気成分　146
高血圧　177
光合成生物　88
交差汚染　168
抗酸菌　93
高酸度乳　113
高次構造　37
香水　168
公正競争規約　127
貢穌の命　204
孝徳天皇　199
合乳　112
酵母　103, 130
5S 運動　165
国際酪農連盟　14
告知回収　159
骨塩　187
骨芽細胞　66, 187
骨基質　187
骨吸収　188
骨形成　188
ゴルジ体　54
コレステロール低減バター　126
コロイド状リン酸カルシウム（CCP）　50, 143
コンテ　240

サ

細菌の増殖　95
サイクロデキストリン　127
最古のチーズ　196

再生産価格　235
サイレージ　139
サイロ　139
阪川當晴　212
先入れ先出し　162
作業標準　154, 165
搾乳技術　195
札幌牛乳販売組合　215
札幌農学校　215
サブミセル　50
サブミセルモデル　50
酸価　19
酸カゼイン（acid casein）　109
酸甘バランス　135
酸性オリゴ糖　28
山地放牧　223
酸度と甘味のバランス　135
酸乳　197
酸ホエイ粉　109
残留農薬　161

次亜塩素酸ナトリウム　169
シアリルラクトース　30
シアル酸　27
GI（glycemic index）値　180
CM 生合成過程　53
シェーブルタイプ　141
紫外線ランプ　94
脂質の自動酸化反応　23
シス型　8
しつけ　167
指定団体　236
至適温度　90
シネレシス（syneresisi）　144
脂肪球皮膜　16
脂肪酸　8
脂肪酸結合たんぱく質　18
脂肪酸の融点　18
脂肪とカゼインの複合体　148
脂肪分解酵素（リパーゼ）　122
脂肪を排出　184
ジャージー　2
ジャージー種　139
舎飼い　222
社内出荷基準　118
自由水　89
従属栄養生物　88
重要管理点　153
熟成室　146
熟成タイプ　145
熟成中の風味形成　142
熟酥　201, 203
出荷クオータ　239
出荷検査　118, 155
準清潔区　167
荘園　199
商業的無菌　121
消費期限（expire date）　169
小胞体　54
賞味期限（shelf life）　118, 169
賞味期限を過ぎた原材料　171
食経験がある菌　99
食品衛生（food hygiene）　160
食品の異物情報　165
植物性レンネット　142
私立忠愛小学校　216
飼料価格　224
飼料による改質　126
白カビ（*Penicillium camemberti*）　104
真空包装　94

人工授精　221
人乳　5

水牛　6
水牛乳　138
水生動物　7
水素結合　40
水中油型エマルジョン　16
水分活性　89
スーパーハイヒート脱粉　133
スターター　104
スタックサイロ　139
スタビライズ製法（stabilized）　141
スチームインジェクション法（steam injection）　118
スチームインフュージョン（steam infusion）　118
ステアリン酸　13
ストークスの法則　21
ストールバーン　222
ストックカルチャー　105
ストレプトコッカス サーモフィラス　127
スピーノ　143
スフィンゴミエリン　14, 192

製菓原料　145
静菌作用　68
清潔　165
清潔区　167
生穌　201, 203
清掃　165
製造基準　155
整頓　165
生乳（raw milk）　108
生乳クオータ　239
生乳クオータ制度の廃止　239
生乳生産者乳価　224
生乳生産量　220
政府による酪農支援策　224
成分調整牛乳　110, 112
斉民要術　202, 203
整理　165
Z値　92
是正措置　155, 157
世代時間　96
セレブロシド　16
セロトニン　192
全国飲用牛乳公正取引協議会　112
先祖カゼイン遺伝子　81
善那　199

穌　202
蘇　203
ゾーニング（zoning）　167
側鎖　35
疎水性相互作用　40, 134

タ

醍醐　201, 203
体細胞数　114
対策本部　159
体脂肪　184
耐熱性細菌　164
タガトース経路　98
脱酸素剤　94
脱脂乳（skim milk）　1, 109
脱脂粉乳　217
脱脂粉乳の生産量　227

種付け　222
W/O エマルジョン　124
タマーワラビー　8
タンクローリー　112
たんぱく質分解酵素　101

チーズ（cheese）　109
チーズアイ　104, 146
チーズ生産量　226
チーズと発酵乳の消費量　235
チーズの輸出　229
チーズの輸入量　229
チーズハープ　143
チーズホエイ　110
チーズ様の凝固物　197
チェダー　144
チェダリング（cheddaring）　144
窒素換算係数　42
チャーニング（churning）　108, 123
中央酪農会議　114
中性オリゴ糖　28
超過追徴金　239
超高温（ultra high temperature：UHT）殺菌　115
チョウセンアザミのおしべ　142
腸内細菌　176
超臨界ガス　127
直接加熱殺菌　110
直接加熱法（direct heating process）　116
直接販売クオータ　239
貯乳タンク（サージタンク：surge tank）　113, 118
地理的表示法　240
地理的表示保護に関する法律（GI）　240
チルド流通　156

通性ヘテロ型　98

TS-カゼイン　46
TNF-α産生抑制効果　192
D 値　91
TPP（trans-pacific partnership：環太平洋経済連携協定）　232
DVI 法　106
DVS 法　106
低温保持殺菌（low temperature long time: LTLT）　115
低脂肪牛乳　110, 112
定置洗浄（clean in place: CIP）　169
低融点バター脂　126
鉄 LF 素材　66
デッドスペース（dead space）　169
テトラ型（三角錐：tetra）　118
デヒドロアラニン　79
デヒドロエルゴステロール　192
伝統製法（traditional）　141
天然型トランス脂肪酸（rTFA）　183
店舗における販売状態の管理　156

洞窟　146
糖脂質　15
動線　165
　——の交差　162
糖転移反応　31
等電点　36
等電点沈殿　57
糖尿病　179

十勝川温泉水　147
十勝川温泉のモール温泉　245
十勝ブランド認証制度　243
徳川吉宗　205
特性に配慮した客観的な指標　170
特定保健用食品　130
特別牛乳　110
特別牛乳搾取処理業　110
独立栄養生物　88
トランス型　8
トランス脂肪酸　8, 183
トランスフェリン（transferrin：TF）ファミリー　64
トリアシルグリセロール　9
トリグリセリド　9
トリプトン　88
トレーサビリティ　155

ナ

内部監査　153
ナチュラルチーズ（natural cheese）　109
ナトリウムカゼイネート　133
ナノクラスターモデル　51
軟X線検知器　165

二次汚染　167
日本における地理的表示　243
日本における地理的表示保護制度　243
日本煉乳株式会社　214
乳塩基性たんぱく質　66
乳価　114
乳化剤　148
乳価支払いの仕組み　237
乳牛1頭当たりの年間生乳生産量　221
乳牛飼育　221
乳牛頭数　219
乳酸菌（lactic acid bacterium）　96, 97
乳酸菌飲料　127
乳酸菌の発酵形式　97
乳脂肪の改質　126
乳製品　110
乳製品の市場価格　229
乳腺　81
乳たんぱく質濃縮物（milk protein concentrate：MPC）　110
乳糖　8, 25
乳糖α型β型　32
乳糖結晶化　33
乳等省令　2, 110
乳糖の粗大結晶　33
乳糖不耐症　175
乳糖分解酵素（β-ガラクトシダーゼ）　175, 176
乳皮　202
乳房炎　114
乳または乳製品を主要原料とする食品（乳主原）　145
任意表示　156
認知症　192

涅槃経　200, 201

脳機能　192
農業基本法　224
農業競争力強化プログラム　236
濃厚飼料　139

濃縮スターター法　105
農畜産業振興機構　230
野馬方役　207
飲むヨーグルト　128
ノンホモ牛乳　114

ハ

ハードタイプ　140
ハードヨーグルト　130
パーミアーゼ　97
パーリ聖典　201
バイオフィルム　94
ハイドロキシアパタイト　185
配乳脂肪率　139
ハイヒート脱粉　133
白牛　205
白牛酪　207
バクセン酸（vaccenic acid）　13, 183
バクテリオファージ　106
箱館奉行所　215
破骨細胞　66, 187
パスタ・フィラータ製法（pasta filata）　144
バター　108, 197
バターオイル　197
バターおよびバターオイル
　——の生産量　227
　——の輸出量　229
　——の輸入量　229
バター粒　123
バターミルク（butter milk）　108, 124, 197
バターミルク粉　109
肌の保湿効果　192
バチルス　86
発酵後の乳糖含量　133
発酵室　128
はっ酵乳　127
発酵乳（fermented milk）　109, 127
発酵乳の生産量　225
発酵バター　121, 124
パニール　198
馬乳酒　6
パラカゼインの水和　147
パラ κ-CN　46
ハリス　209
バリヤー（barrier）　168
バルクスターター　105
パルミジャーノ　143
パルミチン酸　13
バンカーサイロ　139
パントテン酸　5

plan-do-check-action（PDCA）サイクル　153
光照射時間　24
ヒスチジノアラニン　79
微生物管理の三原則　162
微生物死滅の反応速度　91
微生物の栄養源　88
微生物の種類と生育 pH 範囲　93
微生物の生育温度帯　90
微生物レンネット　142
ビタミン A　5
ビタミン C　5
ビタミン D　5
ビタミン B_{12}　5
ビタミン B_2　5
ヒツジ　6

ヒツジ乳　138
ヒト乳　41
美肌効果　191
皮膚腺　81
ヒポチオシアン　68
肥満　184

ファージ　106, 142
不安定化させる疎水性の作用（Fa）　55
フィルター　165
福沢諭吉　212
フコース　27
不足払い法　235
ブチロフィリン　17
普通脱粉　133
物理的障壁　167
不飽和脂肪酸　125
ブライン浸漬　145
ブラウンスイス種　139
プラスミン　46
フリーストールバーン　222
ブリック型（レンガ：brick）　119
プレーンヨーグルト　128
プレクック（precook）　148
フレッシュカルチャー法　105
フレッシュタイプ　141, 145
プレバイオティクス　32, 176
フローズンヨーグルト　128
プロ原　231
フロシン　74
プロセスチーズ（process cheese, processed cheese）　109
——の製造工程　147
プロバイオティクス（probiotics）　130, 176
プロピオン酸菌　103, 146
分化クラスター　17
分岐鎖アミノ酸　35
分別乳脂肪　126

ベースミックス　131
β1-4 結合　25
β CN Λ2　42
β-カゼイン　2
βカソモルフィン 7　46
β-ガラクトシダーゼ　30, 97
β-2-デオキシ-D-リボース　27
β-ラクトグロブリン　59, 195
β-ラクトグロブリン（β-Lg）の変性　134
pH 5.2 付近　52
HMP 経路（ヘキソースモノリン酸経路）　97
ペットボトル（poly ethylene terephthalate: PET）　119
ヘテロ型乳酸発酵　97
ヘテロ多糖　103
HEPA フィルター　168
ペプチド結合　35
ペプトン　88
偏性ヘテロ型　98
偏性ホモ型　98
変旋光　32
変動率　238

房総煉乳株式会社　214
防虫・防鼠対策　165
哺乳類誕生　80

放牧　222
飽和脂肪酸　11, 125, 181
ホエイ　1, 109
ホエイ粉（whey powder）　109, 145
——の生産量　228
ホエイたんぱく質/カゼインの濃度比（W/C比）　133
ホエイたんぱく質濃縮物（whey protein concentrate: WPC）　60, 110, 145
ホエイたんぱく質分離物（whey protein isolate: WPI）　110
補給金　238
ポジティブリスト制　161
ホスファチジルイノシトール　14
ホスファチジルエタノールアミン　14
ホスファチジルコリン　14
ホスファチジルセリン　14
保存試験　171
北海道製酪販売組合　215
北方乳文化　203
ボツリヌス菌　164
骨の健康　187
ホモ多糖　103
ホモ型乳酸菌発酵　97
ポリペプチド　35
ホルスタイン　2
ホルスタイン種　139
本草綱目　203

マ

マークアップ　231
前田留吉　209
前発酵方式　128
膜濃縮製法　149
真駒内牧牛場　215
マザースターター　105
町村金弥　215
町村農場　215
町村敬貴　215
松本良順　212

ミオイノシトール　27
ミセル性リン酸カルシウム　49
水戸の弘道館　209
嶺岡牧　205
嶺岡牧社　214
未変性WPC　133
ミリスチン酸　11
ミルキングパーラー　222

無菌的（aseptic）　121
無脂乳固形分（solids not-fat：SNF）　112
虫歯予防効果　185
無脂肪牛乳　110, 112
ムチン1　17
無毒性量　161

メイラード　72
メイラード反応　26
メガファーム　224
メチルケトン　104
メラノイジン　72
免疫グロブリンG　59

モールド（mold）　145
モッツァレラ　144

ヤ

ヤギ　6
ヤギ乳　40, 136, 145

UHT 滅菌　115
油中水型エマルジョン　16

ヨウ素価　20, 125
溶融塩　147
ヨーグルト（yogurt, yoghut）　109
ヨーグルトミックス　132
予防措置　157, 158, 165

ラ

酪　201, 202
ラクダ　6
ラクダ乳　138
ラクダレンネット　6
ラクトコッカス ラクチス ラクチス　102
ラクトトリペプチド　179
ラクトパーオキシダーゼ　60, 135
(lactoperoxidase)
ラクトバチルス ブルガリカス　127
ラクトフェリン　60
ラクトフェリン濃縮物　66
酪農家戸数　219
酪農義塾　216
ラクレット　147, 245
ラセン状菌　86
落下細菌　168
ラムスデン現象　74, 202
ランシッド（rancid）　122

リードタイム　156
リコッタ（ricotta）　145
リジノアラニン　79
離水　133
リズレー　209
リゾチーム　26
リターナブルびん　118
リネンス菌　103, 104, 147
リパーゼ　139, 146
リパーゼ活性　103
リモデリング　188
両親媒性　15
リン　4
リン酸カルシウム溶解度　78
リン脂質　14
リンド（lind）　146

ルロワール経路　97

レシチン　14
レチノール結合たんぱく質　82
煉乳（condensed milk, evaporated milk）　109
レンネット　142
レンネット凝固　57

ロイコノストック メセントロイテス クレモリス　102
63℃ 30 分間　110
ローヒート脱粉　133
ロールベールラップサイロ　139
漉酪　202, 204
ロングライフ（long life：LL）　120

ロングライフチーズ　149

ワ

ワーキング（working）　124
ワンウェイ　119

[追記]

2017年7月，EUと日本との経済連携協定（Economic Partnership Agreement：EPA）が大筋合意に至った．日本の酪農・乳業に影響を及ぼす可能性が高いチーズについて合意内容の概要をまとめる．

なお，プロセスチーズ原料用ナチュラルチーズについては現行の関割制度がそのまま維持される（すなわち，国産ナチュラルチーズ使用量の2.5倍まで無税輸入）．

チーズに関するEPA合意概要

チーズの種類			現行関税	合意した関税
ソフト系	ナチュラルチーズ	クリームチーズ（乳脂肪45%以上），モッツァレラなど	29.8%	枠数量：20千トン（初年度）→31千トン（16年目） 枠内税率：段階的に下げ，16年目に撤廃 枠外税率は現状維持
		ブルーチーズ		
		カマンベールなどソフト系チーズ		
	ナチュラルチーズを加工したチーズ	シュレッドチーズ（乳脂肪45%以下）	22.4%	
		おろし及び粉チーズ（プロセスチーズ）	40.0%	
		プロセスチーズ		
ハード系	ナチュラルチーズ	クリームチーズ（乳脂肪45%以上）	29.8%	段階的に低減し，16年目に撤廃
		ハード系熟成チーズ（チェダー，ゴーダなど）		
	ナチュラルチーズを加工したチーズ	おろし及び粉チーズ（ナチュラルチーズ）	26.3%	

出典：農水省ホームページ　http://www.maff.go.jp/j/press/kokusai/keizai/170706.html

■ 著者略歴

堂迫　俊一（どうさこ　しゅんいち）

1947年　福岡県戸畑市（現，北九州市戸畑区）に生まれる
1974年　東京大学大学院　農学系研究科　農芸化学専攻　修士課程修了
同　年　雪印乳業株式会社入社　大阪工場
1975年　同社　技術研究所，以後，主として技術研究所，研究企画部など勤務
1999年　同社　栄養科学研究所所長
2000年　同社　育児品開発部部長
2003年　同社　技術研究所所長
2007年　同社　定年退職
同　年　雪印メグミルク株式会社　嘱託　技術主事
2016年　NPO法人　チーズプロフェッショナル協会　理事
　　　　同協会　副会長を経て現在　同協会　顧問
2018年　雪印メグミルク株式会社　退職

■ 団体役員など

・チーズプロフェッショナル協会　顧問
・J-Milk 学術連合社会文化ネットワーク会員
・日本酪農乳業史研究会　役員

■ 著書（いずれも共著）

「食品機能研究法」光琳，2000
「天然・生体高分子材料の新展開」CMC 出版，2003
「現代チーズ学」 食品資材研究会，2008
「機能性ペプチドの最新応用技術―食品・化粧品・ペットフードへの応用―」CMC 出版，2009
「ミルクの事典」朝倉書店，2009
「乳の科学」朝倉書店，2015
「チーズを科学する」チーズプロフェッショナル協会，2016

新版　牛乳・乳製品の知識

2017年10月25日　初版第1刷発行
2020年 5 月20日　初版第2刷発行

著　者　堂迫俊一

発行者　夏野雅博

発行所　株式会社　幸書房

〒101-0051　東京都千代田区神田神保町2-7
TEL 03-3512-0165　FAX 03-3512-0166
URL　http://www.saiwaishobo.co.jp/

組　版：デジプロ
印　刷：シナノ
装　幀：クリエイティブ・コンセプト（松田晴夫）

ISBN978-4-7821-0418-7　C3058